设计工作

未来如何拥有自由又有保障的工作

Designing Your New Work Life

李海峰 王成 主编
谢晓慧 绘图
人生设计实验室 DISC+社群 联合出品

华中科技大学出版社
http://press.hust.edu.cn
中国·武汉

图书在版编目（CIP）数据

设计工作：未来如何拥有自由又有保障的工作 / 李海峰，王成主编.
—武汉：华中科技大学出版社，2023.6
ISBN 978-7-5680-9508-2

Ⅰ.①设… Ⅱ.①李… ②王… Ⅲ.①成功心理-通俗读物
Ⅳ.①B848.4-49

中国国家版本馆 CIP 数据核字(2023)第 088258 号

设计工作：未来如何拥有自由又有保障的工作　　　　　李海峰　王成　主编
Sheji Gongzuo: Weilai Ruhe Yongyou Ziyou Youyou Baozhang De Gongzuo

策划编辑：沈　柳	
责任编辑：康　艳	
封面设计：琥珀视觉	
责任校对：王亚钦	
责任监印：朱　玢	
出版发行：华中科技大学出版社（中国•武汉）	电话：(027)81321913
武汉市东湖新技术开发区华工科技园	邮编：430223
录　　排：武汉蓝色匠心图文设计有限公司	
印　　刷：湖北新华印务有限公司	
开　　本：880mm×1230mm　1/32	
印　　张：7.5	
字　　数：147千字	
版　　次：2023年6月第1版第1次印刷	
定　　价：48.00元	

本书若有印装质量问题，请向出版社营销中心调换
全国免费服务热线：400-6679-118　　竭诚为您服务
版权所有　侵权必究

序言
未来如何拥有自由又有保障的工作

"未来如何拥有自由又有保障的工作",这是我在 2021 年首届广州人力资源博览会的演讲主题,也是我 2023 年 5 月在全国 14 个城市巡讲的主题。

自由又有保障,看起来矛盾,实则统一。当你意识到铁饭碗不是在一个地方吃一辈子饭,而是一辈子到哪儿都有饭吃,你就能理解,越自由反而越有保障。

但是自由不是你想跳槽就跳槽,而是尽量让自己跳高。工作不满意,不是想换就能换,你需要的是"重新设计你的工作"。

"重新设计你的工作"是由 DT. School 的王成老师领衔开发和推出的结合中国实践的课程,源自斯坦福大学最受欢迎的选修课——设计人生。

设计人生备受硅谷科技创新企业及全球顶尖高校的推崇,这本书则是"重新设计你的工作"授权讲师结合本地案例的中国思考。

"重新设计你的工作"分为四个部分。

第一步,从"认识工作"开始,工作中动力匮乏、创新不足、协同困难,很可能根源在于认知盲点和认知误区,要清晰地了解自己的工作观。

第二步,"生成式接受"。面对变化,放下恐惧和骄傲,顺势而为做"设计"。

第三步,管理好自己的能量而不是时间。使用能量地图等工具,通过小幅度的改变,有效地提升工作的效率。

第四步,利用四大策略,跳出不满意就想辞职的误区。可以用重构和重新改造,继续在原岗位上进行延伸,也可以利用重新定位和重新创造换岗位,从而使自己对当前的工作更投入和更有激情。

这本书给你清晰的路径,帮助你重新设计你的工作,各位授权讲师也毫无保留地分享了工作中的各种实例。大家如果有问题,可以直接扫码和各位授权讲师联系,直接交流,也可以参加"重新设计你的工作"线下课程和线下工作坊。

李海峰

2023 年 4 月 28 日

前言
重新设计你的工作

这是中国设计人生的同学们写的第二本书,也是 DT. School 和李海峰老师的 DISC＋社群合作的第二本书,特别感谢海峰老师和 DISC＋社群的同学们对设计人生的认可,以及对设计人生的积极推广和参与。

本书的主题跟上一本有些不同,核心主题是重新设计你的工作。我们的第一本书是关于设计人生在中国的各种实践探索。在

《设计人生》里，我们说，人生是一个大环，工作是一个小一点的环。虽然工作和事业会占去我们每个成年人一生当中绝大部分最宝贵的时间，但它仍然是人生这个大环的一部分。工作是人生的一部分，人生包含工作，所以在第一本书里面，我们突出这样的观念——工作和人生是相互交融、相互影响的。而本书的诞生，是源于我们在践行设计人生的过程中，大家非常希望能够有更多的篇幅帮助改善事业和工作——毕竟生存和发展是大多数职场人士所面对的第一大挑战。我们希望这本书能够帮到那些正在思考如何才能变得更好的职场朋友，帮助他们在遇到职场发展困境和个人工作卡点的时候能够迅速走出困境和突破卡点，拥抱更美好的未来。

《设计工作》主要帮助谁呢？其实光听名字就能知道，最直接的受益者是正在工作的朋友们，或者即将有一份工作的朋友们。有朋友会问：我现在属于离职的状态，能不能帮到我？答案是肯定的。这里谈到的工作是一个宏观概念，而不只是给我们带来直接收入的那份差事。对于一个全职妈妈来说，在家照顾自己的宝宝，就是一份有巨大社会责任和社会价值的工作，她能从本书中获得很多收益。对于那些正在读书，还没有走出校门的学生来说，不管是小学生、中学生，还是大学生，学习是他们的主要工作，这本书会让他们学得更好，有更好的成绩。虽然我们在谈论设计工作，但所谈论的远远不止眼下正在做的事情。所以，不管你是希望团队更加投入和高效的管理者，还是正在担心孩子状态不佳的家长或者老师，这本书都会让你和你想帮助的人受益良多。

这不是一本讲如何测评自己的优势或者性格，然后规划全新职业方向的书。这本书专注于帮助你如何在现在正在做的这份工作（学习、社会责任）上更加投入和享受，变得更好和更优秀。很多时候，我们会对当下的工作不满，我们觉得当初选错了行，入错了门，或者我们希望现在这个越来越没有成就感的职业能够有一个巨大的调整和变化。我们希望这本书能够帮助遇到这类问题的朋友迅速走出困境，真正接受那些无法改变的事情，同时既不随波逐流，也不忽略自己的感受，能够用生成式的接受，顺势而为，帮到自己，同时让团队和组织受益。

设计人生虽然诞生于斯坦福大学，但有个非常重要的核心理念与优秀的中华传统文化非常一致：活在当下、知行合一。大多数时候，我们都处于一种非常忙碌的状态，生怕自己因为不够努力而被淘汰。如何在工作中真正做到活在当下、知行合一，而不是活在过去和未来，每天感到很拧巴、不爽？如何在面对一件又一件不如意的事情时能够不陷入负面情绪，而是从容应对，让自己充满能量和状态变得更好？这本书能帮助你完全做到。

很多时候，你会想到离职：对自己的工作不满意了，同事对自己不好了，领导越来越排斥你，这个工作越来越没有意义……公司虽然还不错，但眼前做的很多事情让你无所适从，甚至想放弃，到底应该怎么办？除了辞职，还有哪些更好的选择？本书提出了很多让你意外同时还会非常喜欢、可以立即实践的方案。

本书的核心内容来源于 DT．School 的一门版权课程"重新设计你的工作"和这门课程的授权讲师们的大量思考和实践。如果你自己或者身边的朋友正在经历工作中的卡点，希望得到更多帮助，请联系本书中这些优秀的授权讲师，他们可以提供线上或线下的深度指导，提供及时和个性化的专业支持。你在阅读本书的时候，他们已经帮助了成千上万遇到卡点的职场朋友，他们的成功经验一定能够帮到你。

我们还为本书的学友们打造了一个专属的社群，由专业的设计人生认证教练们运营和提供支持。在这里，你会发现，你并不孤单，有很多同行者。

我们一起探索，一起奔跑，设计更加精彩的工作和人生。

王成

2023 年 4 月 15 日

目录

第一章 认识工作

不按照你想的去过，就会按你过的去想　　/ 王小芳 / 5
年轻人的干劲与长者的智慧双向赋能　　/ 武春丽 / 16
人生，因为设计而美丽　　/ 邹海龙 / 23
人人都是自己工作的设计师　　/ 张德光 / 29
跨界，是被"设计"出来的！　　/ Sylvia 方方 / 39
以终为始，增加样本，活出理想状态　　/ 贺珍珍 / 49
认识工作　　/ 程红月 / 55

第二章 生成式接受

生成式接受　　/ 陈韵祺 / 67
每一次困惑，都是逆风飞翔的动力　　/ 冯玉秀 / 73
阿美的"破圈"之术——生成式接受咨询实录　　/ 宋黎媛 / 79
生成式接受让人生更美好　　/ 马飞鹏 / 84
接受自己，接受当下的我足够好　　/ 吴颜佳 / 88
好的工作源于设计　　/ 杜晓波 / 94
16年探索，我终于找到职业归属　　/ 刘俊丽 / 98

顺势而为——重新设计工作的起点　　/ 吴春生 / 103

第三章　能量地图

能量地图解救"996卷王之王"　　/ 曾瀛荨 / 113
基层管理者的自我觉察与思考　　/ 董立静 / 120
亲爱的，这里没有别人——职场妈妈的能量平衡观　　/ 高高 / 125
让最光辉的事业真的光辉灿烂　　/ 刘静 / 131
能量起来，能力释放　　/ 唐微 / 138
用能量地图回顾过去和展望未来——阿里巴巴三年成人礼（三年醇）工作坊　　/ 吴智才 / 146
重新设计你的工作——能量地图案例实录　　/ 笑笑 / 150
能量地图助你从低谷中找到调整的方法　　/ 妍妍 / 157

第四章　工作重构

不要辞职，重新设计　　/ 林春敏 / 173
重新定位　　/ 陈小媚 / 179
"85后"青工和HRD在国企生存和茁壮成长的故事　　/ 林健 / 183
工作不满意想离职的职场妈妈　　/ 谢清华 / 190
四种工作策略助你实现职业目标　　/ 玛格丽 / 194
小李，如果我是你　　/ 李颖敏 / 198
来自音乐梦想的烦恼　　/ 禤伟强 / 202
工作不开心，是忍还是滚　　/ 刘曦阳 / 206
重新创造：我从工程师到新媒体博主的故事　　/ 张兴 / 215
拥抱变化，迎接新的机会和转折点　　/ 程映雪 / 220
工作生活不平衡时，职场新妈妈如何选择　　/ 刘瑞群 / 226

第一章
认识工作

更多设计人生视频资料，

设计工作课程资料，请扫码

惊人的数字

2021年盖洛普的调查数据显示，85%的全球职场人士对工作不满意，真是一个高得惊人的数字。

对工作不满意的原因多种多样，加班太多、福利太差、文化不认同、专业不对口、缺乏归属感、压力大、竞争激烈、遭遇了职场PUA、行业衰退、疫情影响、下属不听话、家人不支持、英雄无用武之地、没有成长空间、工作环境脏乱差……

惊人的代价

和高得惊人的数字相比，对工作不满意对于经济和社会的影响更是大得超乎想象。

首先，它直接影响组织效率。员工越不满意，组织绩效就越差——生产率下降、客户满意度低、企业文化氛围变差、团队内耗大、公司利润下滑……

其次，它直接或间接地影响生活品质和家庭幸福。工作本就是生活中至关重要的一部分，工作与生活之间很难画出一条分界线。很少有人能做到在走出办公室的那一刻，可以把工作中的委屈、沮丧、挑剔、愤恨等各种不满完全安放在公司的某个角落，一丁点儿都不带回家里。而这种不满势必或多或少、或轻或重地影响每个职场人士的亲密关系、亲子关系，影响职场人士的生活品质和家庭幸福感。

最后，它会以意想不到的形式，制约和影响社会和谐与稳定，甚至阻碍着人类社会的进步与发展。对于职场中的极度不满，有的人会选择用极端的方式处理，要么伤害自己，要么报复他人。

对工作不满意，除了离职，难道就没有更好的选择了吗？

除了离职，你还可以……

海峰老师说："认识自己，才能更好地发展自己。"

弗洛伊德说："一个人所能做的最好的努力，就是重新审视自己。"

对于工作，也应如此。如果你不能很好地认识你的工作，离职也只是一种逃避，而非提升工作幸福感的最佳选择。

就像自驾旅行一样，知道要去哪里很重要，但也必须知道自己现在在哪里，否则再先进的导航系统也无法给出最优路径供你选择。

在这一章里，设计人生的授权讲师将结合他们的职场经历，帮助你重新审视"传统思维"，帮助你更好地认识工作、重新定义工作，去迎接更加丰富多彩的人生。

王小芳

父母成长教练
重新设计你的工作授权讲师
DISC国际双证班F3期毕业生

不按照你想的去过，就会按你过的去想

你看到了什么样子，就会想让自己成为什么样子。

如果没有新的见识，生活就也不会有什么不一样。

孩子对万事万物都充满了好奇，并且对爸爸妈妈白天都在忙些什么尤为感兴趣，所以，有一些家庭教育理念就会特别强调，一定要创造机会让孩子到爸爸妈妈工作的场所去看一看。这样的话，孩子就会了解甚至理解爸爸妈妈的辛劳。

我出生在一个农村的家庭，爸爸妈妈务农，所以，在出生之后，我看到的就是妈妈每天起床、烧饭、干农活。稍微大一点的时候，我开始和妈妈一起坐在家门口择韭菜。爸爸呢，每天把这些择好的韭菜拿到市场上去卖。一家子乐呵呵地过着小日子。那时,我跟大多数小孩一样,对自己长大后要成为什么样子的人、要从事什么样的工作,没有一点点概念和想法。

那什么时候,我好像突然有了那么一点点想法呢?差不多是在四五岁的时候。

我的大伯当时是一所小学的校长,他去学校上班有时会带上我。至今我还记得当时看见的场景:一抹暖暖的阳光洒在教室里,老师手拿粉笔不停在黑板上书写着,其间也会停下来,在教室里走来走去,给学生们讲讲话。最后他说:"今天的作业是把第 66 页、73 页做一下,明天我来检查。"

后来有人再问我:"长大了,你想干什么呀?"我就会说:"想做老师。""为什么要做老师呢?"没有人问我,但是我自己有答案:我发现,原来老师可以给学生布置作业,自己不用做作业——这真的是太完美了。年幼的我,不知道的是:其实每个人的成长都会经历一个过程,哪怕是老师,他也是要从做学生、做作业开始的。并且,老师这份工作,也不是只有布置作业这一项,还有很多的价值、意义和辛苦在其中,但我不懂。

带着"做老师可以不用做作业"的想法,我入学了。

一年级,我是在自己老家读的。那时候,爸爸去上海做生意,妈妈在家里带着我和弟弟。当有人问我妈:"你老公干啥去了?"她的回答是:"他去上海做生意赚钱了。"所以,我知道了,爸爸赚钱去了。为什么要赚钱？为什么那么辛苦？没有人告诉我。但因为有妈妈在，也就没有觉得有什么不一样，我们的小日子依然有滋有味。

二年级和三年级，爸爸妈妈还有弟弟一起去上海了，我被留在外婆家读书。只有在寒暑假的时候，我才跟爸爸妈妈和弟弟在一起过。其间，我也尝到了一些别离的痛苦。

有一次过完年，我知道他们第二天要走，就不敢睡觉。但身体终究是扛不住的，还是睡着了。等我一觉醒来，他们已经走了。外婆说，他们乘船走的，会路过外婆家后面那条大河。我赶紧随着外婆一起去了河边——还真的看到了爸爸妈妈，还有弟弟。我开始哭，我开始埋怨，为什么你们要去上海啊？为什么要赚那么多钱啊？一家人在一起不好吗？……但没有人告诉我为什么。

等我大一点的时候，我开始明白，其实爸爸妈妈走的时候，也有很多不舍——哪有爹妈舍得跟自己孩子分开的。但是他们不懂如何表达。

上四年级时，我转学到了上海，一直到高中一年级上学期，基本都是跟爸爸妈妈和弟弟在一起生活。那时候，爸爸妈妈还有身边的家人都跟我讲：农村来的孩子，唯一的出路就是读书！好好读书！爸爸妈妈现在那么辛苦努力，就是要给你和弟弟创造好的条件，你要好好读书啊！这样才能上好的大学，找一份好的工作，有一份好的收入。我觉得，这也有道理。

我用了两年的时间，让自己逐步适应上海的氛围。升了初中之后，我开始不断对自己说：之所以前几年我落后很多，是因为我和其他同学的起点不一样，但既然上初中了，那大家都在同一条起跑线上了，我就有机会可以超过他们了。

于是，在接下来的几年时间里，我找到了适合自己的学习方式：老师强调要预习和复习，我了解到自己只要预习了，就不会好好听课了，因为我的脑袋在告诉我，我会了（其实真的不一定会了）——但大脑有时候就是会骗人。试了很多次之后，我发现这不对，然后就直接不预习，只在上课时聚精会神听老师讲。

这样下来，我的学习成绩是相当稳定和不错的，排名从来都是班级前三、年级前十。同时，我在初二入团，成为团支部书记；初三，入选上海市三好学生，并且获得加分，中考时，考入了徐汇区重点学校。我爸爸也以此为自豪。

如果你问我：当时为什么可以做到节节攀升？我的回答是以下四个原因：一，当时处在一个相对比较稳定的环境之中；二，在爸爸妈妈和身边家人的帮助之下，我了解到了好好学习的价值和意义；三，找到了真正适合自己的学习方法，懂得了不是在别人身上有用的方法就一定能在自己身上起作用；四，当所有人在同一起跑线上的时候，带着清晰的目标，就会比别人跑得快。

哦，对了！当时还有个小故事，就是在我初二结束的那个夏天，我们家买房了。过了一年后，我观察到，当时外面比较流行的面包房和奶茶铺，新家附近好像没有。于是，我就给爸爸建议开一个——这是我第一次对赚钱有想法。

但，我的建议被爸爸否决了。他说："没有钱。"后来几年下来，事实证明我是对的：我们家附近的面包房和奶茶铺一个接一个地开起来了，并且好像都还赚得挺多的。我时常在想，如果我们家当时开了面包房和奶茶铺，是不是生活就不是现在这个样子了呢？

因为户口的原因，我高一下学期又转回了老家的学校读书。我非常清楚，自己回老家读书的原因，是要考个好大学，然后找个好工作，有份好收入。因为两地教材不一样，我不适应——按照小学和初中的经验，又得需要两年来调整，可是高二、高三……已经没有机会了。

我高中毕业后，没有考大学。当时家里经济情况确实不大好：弟弟即将读高中，接下来要上大学，要花很多钱；如果我考上了，又要花钱，如果考不上，我干吗浪费一年时间复读呢？我倒不如先工作，后面再参加自考。于是，高三毕业后，我直接没有参加高考，而是选择先工作。

总结我人生前18年的经历，有三点比较重要：

一，不但要创造机会让孩子看到爸爸妈妈的工作，还要跟他多讲一些相关的内容，让孩子了解到，其实每个人的工作都是有价值和有意义的。价值，不直接等于价格，也不直接等于钱。别人为什么要给你付费呢？是因为你的工作为对方创造了价值，对方是因为你创造的价值向你付相应的报酬。

二，不要忽略孩子提出的任何一个创意和想法，提出来的都可以让他去尝试一下，并且不断鼓励他进步——具体到每一个行为。成功了，会增强他的信心；失败了，其实也是挫折教育的一种，让他知道不是什么事只要干了就会成功。其实孩子在这个过程中是会自己总结经验教训的，下一次他会做得更好。

三，都说不要让孩子输在起跑线上，那孩子的起跑线到底在哪里呢？父母是孩子人生的启蒙老师，对孩子有很大的影响，所以，孩子真正的起跑线是父母的认知。

不按照你想的去过，就会按你过的去想。

别人的话，都只能作为参考，最终的决定还是要自己拿主意。

那个年代，外地人在上海不怎么好找工作，所以我当时的想法和认知是自己学历不高，又是外地人，只要能去上班，干什么都行，哪怕只是做个小文员。

当我的想法只是做个小文员的时候，有一天，我的初中同学对我说："那个旅行社老板缺个人，你看看你要不要去做？""天哪！旅游我不懂啊！做点啥啊？""没什么的，你就给他们当当文员。"这也正如我愿——我的想法就是，先上班，哪怕只是做个小文员。

然后，我就去了——虽然给我的工资只够交通费，虽然每天在路上耗费3～5小时、往返乘6辆不同的车，我也还是去了——我几乎没有真正想过，这份工作对我来说意味着什么。我也没有想过，自己会经历一个怎样的过程，会有怎样的收获。当时，我清晰地认识到：无论做什么，我都是在积蓄实力。有实力了，还有什么是干不成的呢？是金子，总会发光的。

因为老板的激励，我在第一份工作期间去考了导游证。他说："你看你现在20岁，对吧，等你到了40岁的时候，你跟人家说你已经做旅游做了20年，那多了不起呀！另外，还能增加不少收入呢！"我想想也是，于是，就去考了。

如果当时老板没有让我去考导游证，我这样一个说话就脸红的人，无论如何都不会走这条路的。但后来，我真的靠着它吃了十几年的旅游饭，其间顺带锻炼了很多能力，也认识了很多人，甚至赚到了可以养家糊口的钱。

我的第一任老板，什么都好，就是总给我放寒暑假。过了假期，他就又会打电话让我去上班。这么来回几次，搞得我有些腻了，我就提出了辞职。我回家跟妈妈说："我不干了！"面对我的第一次离职，妈妈说："没事，上班要开心点，不开心咱就不干了。"妈妈对我的支持，让我知道：愉快工作，这件事很重要。

日子还要继续过，在我需要懂得一些正规企业该有的规章制度时,我的第二位老板出现了。这次我依旧是在旅行社上班,新公司的老板从日本回国创业,带回来很多现在看来还是非常顶用的管理经验,并且经常给员工开会和做培训。

其中有一次培训的时候,他问大家:"你工作是为了什么?"有很多同事脱口而出,有人说是为了赚钱,有人说是为了养家糊口。我愣住了,也不好意思说。因为,我发现自己好像不是那么想的,我的想法是:我工作是为了提升能力。

带着要愉快工作,以及无论做什么工作都可以提升能力的想法和认知,我工作了好多年。尤其是在我工作的第三家旅行社,这家旅行社是在我整个旅游行业从业过程中,待的时间最长的一家——前后差不多 8 年。这 8 年也是我在职场上成长最为快速的 8 年。我从一个什么事都需要打电话请示汇报的小职员,逐渐成长为能单独支撑起整个计调部门的经理。

当然,其间也发生了些小故事。比如,有一段时间,不知道为什么,老板每过几个月就给我换岗。说实话,我有那么一小阵子是挺埋怨老板的。说好好的,为什么总是给我换岗位呢?但后来,我还是蛮感恩的,没有这样的频繁换岗,我不会知道自己身上其实有那么多潜能。

同时,我也更加坚定自己之前关于"在工作中,无论做什么都可以提升能力"的想法和认知——这种能力,只会在我做完具体事情的时候,"长"到我身上。是的,这是我第一次真正将完成工作和能力成长放到一起,找到二者之间的关联。

想通了这点,我就觉得干劲十足,甚至有种所向披靡的感觉——我经手的单子,没有一个会让老板和领导不放心。然而,我开始自信心膨胀,谁说的话都听不进了。后来,有人跟我说:这个阶段是每个人都要经历的"快速成长期"。

这个时候,我人生的另外一位贵人跟我讲:王小芳,你单打独斗很行,可是人际关系有点弱、团队协作力不够啊!这真的是当头一棒!

我开始思考:到底哪里出了问题?难道我之前的做法都是不对的吗?那什么是对的?我突然发现,好像之前所有在学校里学习到的知识、经验、技能,还有这么多年积累下的职场经验,不一定全部是正确的了。那我该怎么办呢?当我开始思考这个问题的时候,我变得迷茫和不知所措。

一旦出现迷茫和不知所措,就代表过去的那些旧知识已经不够用了,认知出现了边界。这个时候,我就需要通过另外的方式去扩展这个边界。我的方法是,参加培训课程,以及不断践行所学。

其中,对我影响最大的就是DISC课程和DISC+社群。2015年2月,我遇到了DISC。当我听说,DISC专门研究人的行为风格,可以用来能提升人际敏感度之后,立马就报名参加学习了。然后,我从新学员开始,慢慢成为馆长,一步步调整自己的行为风格，一步步成长为真正的多面手。

海峰老师经常会在DISC＋社群推出一些品质比较高、在业内口碑特别好的包班课程，80％的课程我都参加了。比如，"克服团队协作的五种障碍"里面讲如何让团队变得更有凝聚力；比如"领越领导力"里面讲作为一个卓越领导，必须具备的5大品质和10项行为；比如"正面管教"里面讲要和善而坚定；"MONEY＆YOU"里提到工作是为了创造价值，而我们为对方创造了价值之后，对方会为此而付费……

因为不断地践行，很多小伙伴都说我的成长是肉眼可见的。可是，当我过了40岁之后，我发现这些所谓的成长好像又不是我要的了。我开始希望和期待自己可以实现真正的人生价值。可是如何实现呢？还没有等我想好，全世界迎来了疫情。

这几年的疫情，确实让我们的生活发生了很多变化。比如，以前大家还能从控制工作进度的角度，来调节和调整自己的状态，但是疫情期间，包括现在，几乎每个人在工作这件事上渐渐有一种近乎失控的感觉——最严重的时候，工作说停就停下来了，基本无法确定重启的时间。2023年，好多之前没有做完的工作和任务，仍然等在那里，需要尽快完成。有的公司为了挽回前几年因为疫情的经济损失，一再要求员工加班加点完成生产任务。到大街上，随意找一个人问他："你最近的工作还好吗？"80％以上的人都会说："忙！忙！忙！忙死了！……唉，真的好累啊!"言语中,或多或少带着一些无奈。

有的时候我们真的很无奈,但我们可以调整和改变的是自己的状态。所以,接下来要怎么办呢?当然是赶紧理清楚现状、管理好能量,想想怎么做才能实现自己的目标。

具体到我个人来讲,疫情期间,我一点没有放任自流,而是持续不断问自己:你接下来的人生要怎么过?是继续像老驴推磨一样,不停地转吗?后来,我想清楚了。我要做我喜欢和热爱的事情,我要让我和家人生活得更美好。所以,我立刻开始行动:创业。创建团队,用各种方式进行磨合,再出产品,最后实现盈利;寻找客户,珍视和发现每一次可以为对方创造价值的机会。

只做自己喜欢和热爱的事情,即便当下不喜欢、不热爱,也要锻炼出能及时把它变成"喜欢和热爱的"能力来。

每天留有足够多的时间给家人。如果冲突,家人优先。

我们经常讲的一句话是:人生没有白走的路,走过的每一步都算数。不管是工作,还是人生,此刻请你思考:你究竟要的是什么?因为如果你不按照你想的去过,你就会按你过的去想。

希望我的这些经历可以给你一些启发和借鉴。感恩与你的相遇。

武春丽

职校衔接指导师/新员工成长教练
重新设计你的工作授权讲师
DISC国际双证班F3期毕业生

年轻人的干劲与长者的智慧双向赋能

年轻人的干劲要和长者的智慧相结合，这句话对我在职场中的影响特别大，可以说是我职场的加速器。

我体会到这句话的真谛是在 2003 年。那时候我工作 3 年多了，陷入了迷茫，当时的工作状态也不是自己想要的，看看身边的同事和环境感觉在公司一眼看得到头，我想着再回校园深造读书，换个专业和工作环境，甚至还写了离职报告。

其实原因大概有两个：第一是公司机构和业务重组过程中伴随的不确定性引起了自身职业规划的焦虑，当时的状态不是我希望的，但我想要的是什么也没那么清晰；第二是感觉自己有很足的干劲，也有很多好的想法，但是没有施展的机会，简单说就是自我感觉太良好，自以为满身的潜力得不到发挥、才华不被组织重视。

递交离职申请后，没想到收获了一份超级大礼：公司高层领导找我面谈，从理论上讲，领导是没必要亲自与我这样的普通小员工谈话的，但故事就这样发生了。领导分享了几个职场成长故事，给了我一些建议，最重要的是对我说了那句话："年轻人的干劲要和长者的智慧相结合。"当悟到这句话的精髓后，我瞬间有拨开云雾见晴天的感觉，然后立刻去人资部撤回了离职申请。接下来，我开启了观察记录、拜访公司内部长者的行动，从每一位前辈身上学几招、再对照理论知识总结提升，将他人的经验转变成自己的能力。

找到榜样经验从模仿实践开始

经常看到"寻找榜样、模仿榜样、成为榜样"这样的词句，但大多数人把它归类为心灵鸡汤。

找到榜样后，要解读榜样的成长故事，因为榜样的辉煌成就不是一蹴而就的。我首先拜访了身边几位即将退休的有丰富经历的前辈，走进前辈的成长经历和各种故事中，我才意识到自己入职已经3年，但对公司的历史和公司的业务知之甚少。这算是我了解公司业务和发展历史、理解公司文化的开始，了解越多，我越觉得公司的舞台很大、公司内的机会很多。

通过拜访并解读前辈的成长故事和智慧经验，我理清了自己应该蓄力储备的点与面；通过前辈的经历，我了解到公司发展过程中的很多里程碑事件；通过解读前辈的榜样故事，我了解到前辈对待工作和生活的态度，了解到他们对人生价值和工作使命的理解。

我基本做到了每周一访，大概3个月后不仅重新认识和理解了自己当下的工作和状态，重要的是看到了未来自己的多种可能性。

总之，就是从前辈的智慧中看到组织的多种需求，从组织的需求中找到自己感兴趣的方面，最后做足储备、寻找机会。

赢得长者支持从彼此圆梦开始

解读榜样的成长故事、借力他们的经验和资源，这样的方式深深影响和改变着我的工作和生活。每次遇到困难的时候，我就在脑海里迅速盘点谁的故事中有这方面的经验或者谁有解决问题的资源，解决办法或者说解决思路也就找到了。

我在拜访长者的过程中，整理出他们曾经想做但囿于条件和环境限制而没有做成的事，有些是方案太超前，有些是受公司发展的卡点限制，有些是推进不力或者错失时效性机会导致半途而废，有些是因为技术或人员投入不够。不管什么原因，这些都是他们曾经努力想实现的创意或梦想，我们一起结合公司当前情况和形势任务再分析，在这里面找到我想做的、而且是自身现在的职位和资源有条件实施的。

在实施这些源于前辈的创意和建议时，我不定期地去请教前辈或主动汇报进展，前辈们自然都无条件地予以支持，很多时候他们的积极主动性比我还足。他们还非常感慨地说，是我让他们有机会参与自己曾经想做而没做成的事，有点圆梦的感觉。

助力青年成长从培训咨询开始

由于成长路上一直受到前辈的提携和关照，我也将做好经验传承、讲好前辈故事作为自己的责任和义务。如何让更多的青年员工受益？我自然而然地想到了培训。但我不是教培业务的人员，如何能参与培训呢？

我就主动争取、毛遂自荐。从 2012 年开始，至今十多年来，每一年公司新员工入职集训前，我都会主动联系培训中心，确认留出时间来安排我的课。每一年我都会讲起这段经历，也会把公司各项业务的标杆人物列出来，简要介绍他们的故事，让新员工们学有榜样、行有示范。

2021年，省公司层面建立了"职辅宝"平台，专门为青年员工答疑解惑，我很荣幸成为平台的第一批专家，基本每周都能收到提问，问题涉及工作、学习、生活和人情世故等方方面面，我深刻体会到"很多好答案在等一个好问题"。

例如有人问：我参加工作半年不到，在很重要的工作中犯了错误，差点给同事们带来很严重的影响，幸好领导及时出面解决。我现在很自责、内疚，也很害怕同事们对我有看法，有时候感觉自己不能胜任这份工作，失去了很多自信，我想问一下我该怎么向同事和领导道歉？我该怎么改变自责状态？

我这样回答：感谢信任！也恭喜你，错误和觉察都是最好的学习和成长机会。

（1）内疚和自责是非常严重的内耗。不要为已发生的事懊恼，不要为未发生的事担忧。做好当下的每一件事，以及从过去总结思考学习，以避免再发生类似的错误就好。

（2）人生只有两件事，要不成功、要不成长；要不得到、要不学到。大家都是从年轻过来的，成长和学习是你近三年的重要任务，多读书、多学习、多输出，让自己快速成长（"职辅宝"里的学习资料就很好）。

（3）要不要道歉或者同事们怎么看是你的担忧和困惑。晚上找个安静的空间写下事情的经过、你的感受和以后的行动等，把所思所想都写下来，想到哪写到哪（一定是手写），然后读一遍，再收起来。两个晚上后,再拿出来决定要不要把这段文字重新整理后发给领导。

(4)如果还担心同事们怎么看,主动找一个你觉得很信任的同事或者身边的长者、智者求教,可以选择身边年龄大一点、团队内影响力大或者说大家敬重的热心同事,也可以和家人聊聊。

(5)人生在世要处理四种关系:人与人、人与物、人与自然、人与自己内心的关系。外面没有别人只有你自己,改变你的想法和认知,你的世界大有不同。

你内疚、自责,说明你是有责任心、对自己有高要求、追求完美的人。

放下包袱,吸取经验和教训,做好当下,迎接美好未来。

后来,我收到了评价:太感谢了,您的回答让我感觉自己不是很糟糕,我要放下过去、把当下做好,我会写下事情经过和今后的行动,整理好心情,重新出发!

传承前辈经验从记录分享开始

以下是我在工作中传承前辈经验的两点心得。

带入角色记录别人的发言。每一次参加会议是快速学习成长的好机会,别人发言一定要记录,不是按照做会议纪要的思路记录而是带入角色记录别人的发言。记录的过程一方面是了解学习其他业务的机会，如果是经常配合的业务也要看看哪些业务是可以相互协作实现的，或者可以促进自己目标任务的推进。带入角色听别人发言、记录的过程中，要思考如果是自己在这个岗位还能做哪些优化改进，要带着"向上严肃看问题、向下延伸想问题"的思考模式思考。

领导交办的临时任务都是重要机会。完成领导交办的临时任务，是快速成长的机会，这样的机会在某种程度上决定职场赛道和发展速度。例如被安排替领导参加会议，一定要做足功课；被安排处理公司历史遗留问题、被抽调到临时项目组，也都要全力以赴。这些看似"打杂"的事情，都是加分机会。你完成了别人不愿意承担的或者完不成的任务，你在领导眼中的价值和意义才会更突出。

邹海龙

职业发展教练
重新设计你的工作授权讲师
DISC国际双证班F9期毕业生

人生，因为设计而美丽

我们几乎每周都要工作，那么什么样的工作是好工作呢？

常规的回答，好工作就是钱多、事少、离家近，位高、权重、责任轻。年薪百万元一直是很多打工人的梦想，可我认为好工作应该符合四个标准，即我很喜欢、我很擅长、收入不错、很有价值感。前三个标准很好理解，这里重点谈谈什么样的工作可以带来价值感。

每个人都有自己的人生观、价值观。而关于工作的价值观，才是每个人审视工作价值感的关键，它可以被定义为"工作观"，即每个人对工作这件事的价值标准以及工作给自己和社会带来的价值体验。

树立良好的工作观，需要我们重新定义工作。

有些人认为，工作就是被压迫的过程，我们出卖灵魂和时间来换取工作报酬。我的理解是，工作是一种"交易"，我们应该用商业交易思维去理解工作，雇主和雇员之间是完全平等、自由、自愿的交易关系。员工不亏欠企业，企业也不亏欠员工，二者在公平自愿基础上建立商业合作关系。日本管理咨询专家大石哲之说："工作不是完成任务，而是不断满足甚至超越对方的期待。"从雇员角度讲，当你的工作超过了老板的期待，你就可以获得更高的薪酬。从雇主的角度讲，他们希望低成本付出、高收益回报，即花小钱办大事，能少付出薪水获得高端人才，那是商人的基本思维，无须苛责。我们需要明确的是，在合约存续期间，我们的工作能带给自己价值感，通过工作在未来可以持续地为自己增值。

而持续地在工作中增值，我们需要重新设计工作。

了解了工作观，那么人生观又怎样理解呢？人生的意义是什么？我们为什么而工作？我在生涯咨询和授课过程中，经常被问到这些问题。这些经久不衰的话题，常常引发人们的深度思考，能否找到答案直接影响我们工作和生活的状态。

有人说，当我们明确了工作和生活的目标，就找到了人生的意义。是吗？这其实是一种典型的"目的论"思想。就像我们知道了一个行为的目的，我们就知道了这个行为的意义一样，就比如我们知道了上学的目的是考上大学，工作的目的是赚钱。一旦我们的目的是明确的，那么我们就可以用目的来反向解释我们现在的行为的意义。

但是，这样的思维方式有以下三个问题。

首先，如果我们可以无限地追问下去，工作就是为了赚钱，赚钱就是为了提高生活质量，那么提高生活质量的目的又是什么呢？古希腊哲学家亚里士多德说，如果想要"目的论"的解释完整，就必须以本身就是目的的事情来作为完结。否则，这个问题就会被无限地追问下去。

其次，如果我们把人生的意义寄托于未来要实现的某一个目标，那这样的风险在于，人的生命是有限的。如果自己的目标没有实现，那人生就完全没有意义了吗？

最后，如果实现了自己的目标，人生就圆满了吗？显然也不是。现实情况是，即便是成功如特斯拉的创始人埃隆·马斯克，也需要不断地赋予自己人生新的意义。因为，当我们实现了自己的目标一段时间之后，我们就会再次陷入空虚和无聊，陷入无意义感，然后又会重新奋起，追寻下一个人生的目标，这样的人生就会陷入叔本华说的，人生就是一团欲望，欲望得不到满足就痛苦，欲望得到满足就无聊，人生就像钟摆一样在痛苦与无聊之间摇摆，而人生最后的结局又是死亡，所以说这样的人生根本就没有意义。幸福只停留在欲望和目的得到满足的那一刻。

那么，如果目标不能驱动我们找到人生的意义，信仰是否可以呢？

在宗教里面，人们常常把人生意义的问题交给上帝，相信上帝能够确保生命有意义。这就好像说我们想要找到一件绝世珍宝，但是我们无法找到，于是我们就委托了一个名气很大的专家帮我们寻找，并且确信这个专家可以帮我们找到。但实际上，这个专家也从来没有成功过。如果把个人的信仰寄托于上帝，这就等于自己放弃了主动寻找生命意义的选择，转而把相信上帝当成了自己唯一的人生意义。这样的做法是非常不理智的，而且是一种非常冒险的做法，因为人的生命只有一次。

从目标，从信仰，我们都无法找到人生的意义。

那如何才能找到人生的意义呢？事实上，这个问题本身就存在问题。

因为当我们思考如何找到人生的意义的时候，我们就默认了"人生意义"是客观存在的，它会在某个地方等待着我们。但事实是，寻找人生意义的过程更像是一个设计人生意义的过程，或者说，人生意义并不是被发现的，而是去设计和创造的。德国社会学家马克思·韦伯说："人是悬挂在自己编织的意义之网上的动物。"人生本来是没有意义的，每个人只是经历了一个从生到死的过程而已，所有的意义都是自己编织而成，但是没有这些编织的意义,人生又会相当乏味。人生的意义并不是在实现某一个目标或者某一个成就的时刻才出现的。人生的意义是不断涌现和创造的。

关于人生意义,我们虽然不能得到一个让所有人都满意的最终答案,但是这不能否认对人生意义问题思考的价值。因为具有独立思考和自主意识本身就是我们正确看待人生意义以及很多人生问题的前提和基础。就像哲学家苏格拉底说,未经审视的人生是不值得过的。

所以,人生也许没有终极的意义,但是每个人的生命都是有价值的。正因为你足够优秀,才被邀请来到这个世界。人是社会性的动物,有群体依赖的本能。我们渴望得到群体和社会的认同,融入社会,而价值就是非常重要的前提。比如,一个人对社会、对他人是一无是处的,他更容易感知到自己的无意义。唯一能够让生命有意义的事情就是承认生命本身是值得一过的,而承认这一点就意味着每个人都有相同的权利,接受生命的美好是对生命本身的尊重。正如罗曼·罗兰所说:"世界上只有一种英雄主义,就是看透生活的真相,并依然热爱它。"

世界已经进化到 BANI 时代,充满了不确定性。面对不确定性,我们可以选择接纳变化,接受新常态,也可以选择留在原地。墨守成规地走老路,到不了新世界;勇敢地面对各种可能性,才能打开全新的人生之路。

放下恐惧和骄傲，我们要承认并接纳世间每个个体的差异性，因为我们拥有不同的人生观和工作观。我们不需要过同样的人生，我们并不是流水线上批量生产的工业品，有统一的式样。我们每个人都是鲜活的生命，我们可以去设计属于我们自己的人生蓝图。

你的人生蓝图被赋予什么颜色和能量，你的人生就拥有了什么样的意义和精彩。因此，我们需要重新定义、设计自己的人生。

人生需要设计，工作也需要重新设计。

人生，因为设计而美丽。

张德光

高管团队陪跑顾问
重新设计你的工作授权讲师
DISC国际双证班F11期毕业生

人人都是自己工作的设计师

传统思维：中年危机，是中年人的危机，不到一定年龄没什么感觉。

重新定义：中年危机，是错误工作观长期累积的结果，不是瞬间形成的。

2003年，我大学毕业，和同班另外3个同学一起加入了一家集团公司的同一个部门，从事同样的工作——供应商质量工程师（SQE）。那个时候，中年危机这样的字眼从来不会成为我们的话题。我们每天聊的都是主管说了什么、谁很难缠、供应商不配合、谁晚上做梦又说梦话了、姚明今天又拿了"两双"、谁又换了个新手机、谁被异地女朋友蹬了……那时候连诗和远方都不谈，我们怎么可能会想到若干年后的所谓的"危机"呢？

而过去这几年，随着大家陆续进入了不惑之年，中年危机悄然间笼罩着每个人，成了大家每次聊天必谈、大谈特谈的焦点话题。

在500强公司做高管的人，他们说老板不放权、行业和公司发展受政策影响太大、部门墙高耸、下属不给力。他们抱怨说：不知道哪一天就要被莫名其妙地裁掉。

在国企、央企做干部的人，他们说拿到手的工资太少，单位形式主义太重、官僚主义盛行。他们抱怨说：每天都在撞钟，这辈子真没意思。

自己创业当老板的同学，他们说：一睁眼到处都要花钱，就是不见进账，一年亏得比一年多。他们抱怨说：早知道还不如老老实实地在外企坐班呢！

……

中年危机，真的是中年人的危机吗？乍一看好像是，仔细思量，显然又不是。

实际上，中年危机，不是瞬间形成的，而是错误工作观长期累积的结果。

那么，我们究竟该如何正确地看待工作？

传统思维：工作就是为了赚钱，用自己的时间、精力和付出换取回报。

重新定义：工作不是为了赚钱，而是要通过自己的努力，让自己变得更值钱。

樊敏，是我 2016 年在常州一家民营企业做运营管理时的一名员工。樊敏是公司的一名老员工，先后做过仓库管理、生产文员、生产助理、计划员等。由于学历不高、工作又很较真，给他人感觉缺乏弹性、不好说话，她的能力没有得到很好的发挥，工资收入比其他同类岗位的人也低一些。

2016 年 7 月，我对公司运营部门进行了重大调整，我需要找到一名熟悉公司产品、生产流程，并且责任心极强、富有推动力的人快速上任，以有效改变生产部四个车间生产随意性大、过于重视产量而忽视计划和交付的现状。

盘点了公司近 400 名员工，有两个人可以胜任计划主管这个岗位，一个是樊敏，一个是销售总监助理王玲。王玲的沟通协调能力、会议组织能力比樊敏更强，更适合计划主管这个岗位，但综合公司发展的需要，最终樊敏成为公司的计划主管——薪资收入最低的主管。

樊敏和我一样，老家安徽，也是 1979 年生人，再加上她直接向我汇报工作，我们之间的共同语言开始多起来了。

随着工作的逐步推进，樊敏好学上进、认真负责的工作态度和积极主动、原则性强的工作作风，帮助公司大幅度提升了计划准确率和交付及时率,也为她自己在同事和公司领导心中赢得了更广泛的信任和支持。

樊敏从来没有主动要求加工资,但公司每次工资调整一定少不了她。

在2021年,樊敏成为公司的PMC经理,除了分管公司计划部门外,还要分管仓库和物控部门,也因此正式成为公司核心管理团队的一员。当然,她的收入也较之前有了成倍的提升。

张语昕,我2022年辅导的一家嘉兴客户的技术主管。在2023年春节后,该公司因发展需要,公司管理团队进行了重组,张语昕成为公司的运营负责人,分管生产、技术、客服等职能部门工作。因为公司总经理的精力主要聚焦在上海公司的管理和业务开拓上,张语昕也因此成为嘉兴工厂的代理总经理。

面对这个调整,公司既没有给张语昕职位上的晋升,也没有给她工资上的提升,给她的除了信任,就是责任。

这家客户,我每周会去辅导一次。根据过去两个多月的观察,张语昕的角色转变很顺利,她非常出色地完成了公司的任务。

毫无疑问,张语昕的职位调整和薪资调整也将很快到来,因为她的工作表现证明了她值得。

每个人小的时候都会有各种各样的梦想,我们期待去改变这个世界,我们期待成为科学家,我们期待能成为家人的荣耀,我们期待能成为全村人的骄傲……

然而，一旦进入职场，在每天忙碌的同时，你是否还在思考自己的梦想？你每天的忙碌是在帮助你靠近梦想，还是你眼里只有福利、待遇、权力、回报，早已经把曾经的梦想忘得一干二净？

如果你对现在的工作不满，换个角度重新认识你的工作，你该如何做，才能让自己的能力变得更强？才能让自己在真的要离开公司的时候，可以昂首挺胸地说，我可以拿到更好的回报、可以胜任更大的挑战？因为在这里工作的每一天，都让我变得更值钱了。

传统思维：工作，就是完成任务。

重新定义：工作，不是完成任务，而是要不断满足甚至超越对方的期望。

2019年起，我的工作更加聚焦——专注于团队管理咨询和团队效能提升。为了更好地服务客户，过去几年除了扎根兰西奥尼的组织健康和团队协作的五大障碍体系外，我也阅读了不少咨询管理类的书籍。

在《靠谱》一书中，知名管理咨询大师大石哲之说："工作不是完成任务，而是不断满足、甚至超越对方的期望。"

这句话，我非常认同，在工作成就感中，除了获得回报、提升能力外，更为重要的是为他人提供价值。

工作价值的高低，不是单纯看任务是否完成、KPI 是否达成，更要看工作给他人带来了什么样的影响。

工作带给他人的影响，一定与对方的期望和标准有关，所以在工作中了解清楚对方的期望和标准就变得至关重要。

我有一个小我 10 岁、1989 年出生的弟弟，他初三没念完就做起了电焊学徒工；2007 年起，他转战昆山，在三家公司做了 14 年模具工人。2021 年 11 月开始，他实现了职场的最大突破，成为上海一家汽车设计公司的设计师。在过去 15 个月里，他每天都在努力学习、工作、调整和提升。因为同在上海，我们见面机会比较多，每次见面，他都对自己的进步表示满意——软件应用能力提升了、项目推进能力更强了、沟通更主动了……

一切似乎都很顺利，超乎预期地顺利。

然后，就在两个月前，我弟弟所服务的客户（他是驻厂外包设计师，这家客户也是他服务的唯一客户）的主任工程师要求他们老板更换设计师。原因是我弟弟专业能力弱、项目节点拖延、沟通时建设性意见少……

客户的主任工程师所说的每一个问题，恰恰是我弟弟自我评价满意的地方。

两个人都没有错，只不过两个人所参照的标准不同罢了。

我弟弟参照的是他多年蓝领工人的标准，客户的主任工程师参照的是互联网车企的高标准。

我们不得不承认，所谓的工作任务（包括KPI）只是一个载体，最终决定我们工作的价值的，一定和他人的期望和标准有关。

所以，我们说，工作不是完成任务，而是要不断满足甚至超越对方的期望。当然我们需要做一个区分，这里的对方既可能是客户、直接主管，还可能包括其他利益相关者，如同事、下属，甚至供应商等，当然还有我们自己。

传统思维：自由职业很自由，不用"朝九晚五"，多好啊！

重新定义：自由，不是随心所欲，而是一个人核心竞争力的产物。

2009年，我到了而立之年，我在公司内部完成了一次轮岗，从质量岗转为采购岗。为了快速补齐采购供应链的系统知识，我报考了CPM和CPSM。那是我第一次和培训圈近距离接触，CPM和CPSM的授课老师大都是资深的采购供应链同行，看着身为500强外企管理者的他们，一边拿着很高的月薪，一边又享受着高价的课酬，"做讲师"的种子在那个时候算是在我心里埋下了。

2014年，我在老东家的第九个年头，怀才不遇的感觉似乎到了顶点，那颗深埋了5年的种子开始生根、发芽，我算是正式进入培训咨询行业了。

2014年我参加了CIPMT职业认证，2015年加入了DISC＋

社群，从此在自费学习的路上一路狂奔，先后参加了"克服团队协作的五大障碍""领越领导力""五维教练领导力""4D卓越团队领导力""EI情感智能领导力"学习和认证。

2017年，随着接触和认识的培训师、咨询顾问越多，我对自由职业的渴望越强烈。

2017年春节后，我"裸辞"了，成为一名向往多年的自由人，再也不用"朝九晚五"，再也不用跑车间、开运营管理会，再也不用和销售吵架、和财务对账，再也不用陪客户审核、和老板讨论年度规划了。

我的2017—2018年，是自由的两年，也是折腾的两年。看上去做的都是自己想做的，可结果却很少是自己想要的。体重增加了20多斤，收入减少到只有原来的一半，社保也要自己考虑，而且还几乎每月都要思考下个月的收入来自哪里……

自由职业不仅没有带来自由，反而让我对自己产生了怀疑。

2018年12月26日，在参加完刘向东老师的《示人以真》上海读书会后，我重新审视自己：我最喜欢做的是什么、我最拿手的是什么、他人最认可我的是什么、现在企业客户最亟待解决的是什么……一切的交集落到了同一个关键词——团队管理。

从那时起，我开始完全聚焦于团队协作这个领域，基于兰西奥尼的团队协作五大障碍模型和组织健康体系，通过读书会、团队培训、团队工作坊、领导团队陪跑、高管教练与会议辅导等形式助力中小型民营制造企业实现领导团队凝聚力提升和组织业绩提升。

2020—2022年,受疫情和市场影响,咨询培训圈的很多老师受到了极大的冲击,有的职业讲师授课量下降了70%,有的咨询顾问收入遭遇了断崖式下降。而我却在这三年实现了每年50%以上的增长。

同时,由于我所服务的都是年度客户,有足够的弹性安排服务时间,无论是频次还是每次的服务时长,都可以基于客户实际要求进行灵活调整。2023年起,为了保持周末锻炼的延续性和更好地陪伴孩子成长,我把所有的周末时间空了出来。这是从2017年从事自由职业以来,我第一次感受到了"自由"。

传统思维:工作,是谋生手段。

重新定义:工作,是最有价值的行为。

稻盛和夫在《干法》一书中指出:"工作能够锻炼人性、磨砺心志,工作是人生最尊贵、最重要、最有价值的行为。"

工作既能让我们赚到钱,又能助力我们变得更值钱。此外,工作还能提升我们的成就感、价值感,帮助我们形成自己的核心竞争力,更好地拥抱自由。

而这一切,不是凭空而来的,是我们选择的结果,也是我们设计的结果。

在这样一个变幻无常、捉摸不定的BANI时代,无论对现在的工作是满意还是不满意，每个人都有必要重新审视自己的工作，更要放眼未来，多思考"我能做什么、我应该做些什么"。

相信我，换个视角、重新定义，你也能成为自己工作的设计师，你的工作一定可以变得更有价值，帮助你赢得更加富足、快乐、自由的人生。

Sylvia 方方

企业业绩增长顾问/销售教练
重新设计你的工作授权讲师
DISC国际双证班F31期毕业生

跨界，是被"设计"出来的！

你相信我们可以设计我们的工作吗？如果以前有人这样问我，我一定会说，你别傻了，怎可能？这太鸡汤，太虚了。直到我参加了"重新设计你的工作"的认证，我才真正意识到这是一件非常科学的、具有实操性的事情。这里说的设计思维可不是传说中的灵光一现，而是一种创新，一种建立创造力的过程。人一旦拥有了设计思维，就会发现当下有无限的可能，未来也充满了可塑性。

我是Sylvia，江湖人称毛毛虫女王，因为我像毛毛虫一样，不停地跨界，不停地蜕变。我相信所有的边界就是用来跨的。我今年 43 岁，进入职场已经有 23 个年头了，进入半退休状态也有 3 年了。大学毕业后，我做过销售，当过全球 500 强企业的高管，现在自己跨界做了很多生意，如舞台灯光音响、屋顶光伏安装、女性内衣连锁加盟零售店等，简单来说，我横跨了很多不一样的行业，从传统产业到互联网，从 B 端到 C 端。

今天，我想和你聊一聊我人生中最关键的三次转型：第一次是初入职场，放弃本专业，转型销售；第二次是放弃了在马来西亚安逸的世界 500 强企业的工作，转战中国的跨国民营企业；第三次是离开百万元年薪职业经理人岗位，自主创业。

初入职场：当"傻白甜学霸"遇到马来西亚大富豪

思维误区：学什么专业就应该做什么工作。

重新定义：大学只培养了我们某领域的专业能力，而工作需要符合我们的工作观，至少得回答我们"为什么工作，工作为了什么"？

从小我就很爱钱，据我妈说，我懂事以来就爱钱，老想着怎样可以轻松赚钱，只要逮到大人就会问怎样可以轻松赚大钱。而他们为了让我好好读书就告诉我"学霸"毕业后能赚很多钱。嘿，我就还真信了！我 20 岁的时候就以非常优异的成绩完成了我的本科学业，没想到一毕业梦想就破灭了。原来"学霸"的这个身份只是能多赚一点钱,但是真没有那么赚钱,赚很多钱可能要熬很多年。

知道这个真相后,我很纠结,很不甘心。很多人都劝我乖乖地往本科专业——软件工程发展,毕竟我成绩优异,熬几年就好了,但是我深知自己不是很喜欢这个行业,当初选择它,也是因为周围的人都对我说这是一个很赚钱的行业。为了找到更赚钱的工作,我决定去面试各种工作,只要对方愿意见我,我都去。我想多了解更多的工作,看看能不能找到我想要的那份很赚钱的工作。

因为我积极地去面试,我终于遇到了他——我的第一任老板,他是马来西亚的十大富豪之一,排在前五名内。面试时,他说,要赚钱就要做距离"钱"最近的事情,那就是做销售。他还说,根据他的经验,女生做销售最容易赚钱!就这样,我加入了他旗下的一家卖投影仪的公司,而且当时全行业是没有女销售的!

我想很多大学刚毕业的朋友都会有一段类似的经历,找工作的时候都是按照自己学什么专业去找的,会把自己固定在这种思维里,这就是缺少设计思维。大学的专业只是让我们多了一个选项,而不是代表着我们做其他事情就做不好,最重要的是,在选择一份工作的时候,也得符合我们的工作观。人生有人生观,那工作也得有工作观。我的工作观就是工作是为了不工作,赚钱就是为了不赚钱。我希望在工作的积累中，可以逐步得到更多的选择、更多的可能性。那你呢？你的工作观是什么？你工作是为了什么呢？

如果你以为有高人指路，从此我就一帆风顺赚大钱了，那你就错了！

上班第一天，我就迎来了我职业生涯里最大的难题：同事们都不愿意带我，原因是这工作女生做不来。那时的投影仪很重，最轻的也有 1 公斤以上，每次去给客户演示，至少得带 3 台，加上各种配件，至少 10 公斤。在我之前加入的女生们都熬不过一周就离职了，所以他们不想浪费时间，都劝我赶紧离职。

当时，我想着没人自愿带我，那我找老板说去，让他给我安排。没想到他冷冰冰地只给了我一句话："性别优势只是你的敲门砖，该做什么还得做什么，一样都不能少！自己的问题自己解决，我不是你的保姆，是你的老板，招你来是帮我解决我的问题，而不是让我帮你解决问题。"听到这句话，我像是被浇了一盆冷水，当下就有了辞职的念头。于是我把这个想法和我爸说了，他就问了我三个问题："离职就能解决问题了吗？离职后，你是要找一份你想要的很赚钱的工作还是就回到自己本专业去呢？你学的软件工程也是偏男性的，下一份工作的男同事会不会也说类似的话呢？"

思维误区：不合适就离职，换个工作就好了。

重新定义：解决问题的方法总是比问题多，我一定能找到更多的方法来解决这些暂时的难题。

很显然答案都是不确定的，所以我决定留下来。没人愿意带我，那我就天天赖着、跟着他们，给他们拎包拿设备，他们面对我这么磨人的小姑娘，也就不好意思拒绝了。慢慢地，他们发现带上我也有好处，比方说，我的产品专业知识比较强（我私底下把市场上所有投影仪的品牌、型号、功能、优势、劣势全部列成一个大表格，背下来，活生生把自己变成了一本行走的投影仪字典）。除此之外，因为这行业都是男销售，所以有时候和客户谈判时会比较激烈。这时候，我这个小姑娘就可以在中间周旋一下，缓和一下氛围，合同也会谈得比较顺利。

异域诱惑：上海在召唤，牵手还是分手？

30岁，世界500强企业高管，小日子过得很安稳很平静。有一天，平静生活突然被打破了。我收到了来自一家中国企业的邀请，对方提供了一份我很难拒绝的offer，工资翻番，工作内容也是我很感兴趣的。然后我就来了。对！我就从马来西亚跨越海洋来到了中国上海。当时决定来的时候，我身边的很多朋友都劝我别来，因为我可能会面临企业文化冲突（我是个土生土长的马来西亚人，在日资公司上班），甚至有人预判我肯定干不过三个月就要离职。

当时我深信我的决定是对的，我调查了这家公司，也熟悉行业内的上下游关系，而且这对我的职业生涯是一个很好的突破，也会为我的履历加分。入职后我才发现这个岗位很复杂，要双线汇报给两个领导，而且两个领导还都互相看不上对方，我成了一块"夹心饼干"。再加上这是一个新设岗位，公司内部也有很多不同版本的传言，导致我刚入职就成了不被同事待见的人物，有人担心我抢饭碗，也有人抵触我的"外国人"身份。当时，我真的不知道该怎么办，毕竟我才刚入职，而且我已经搬到上海了。如果我这么快就离职回马来西亚，我要怎么和未来的雇主解释我这段快速离职的经历呢？而且行业内的人都知道我跳槽来了中国发展，回马来西亚，他们会怎么看我呢？当时的情况真的很难，但我不得不留下来，我不能走，我得硬撑下来。

思维误区：如果我不得不留下来做一份糟糕的工作，那我就消极怠工，耗到公司和我解约或者等到合适的时机再换一份完美工作。

重新定义：世上本无完美工作，做了选择就得把当下过好，用当下给未来打基础。

既然不能离开已经成为事实，那我就得让自己过好接下来的日子，所以我就开始给自己制订一个"好日子"计划。

首先就是尽量少留在总部，多到各个国家出差。这样就可以减少两位领导正面冲突时，我在现场做"夹心饼干"的情况。

其次，这虽然是一家民营企业，但也是一家在全球有超过 10 万名员工的企业。在这里，有来自世界各地的精英，可以从他们身上学到很多东西。把关注点放在成长和学习，就不用在意流言蜚语，先和喜欢我的人一起玩，暂时不喜欢我的，时间可以证明一切，我也没必要着急去解释。

虽然做好了思维上的调整和计划，但是我的工作依然还是挺难的，它虽然不是我最早期望中的工作，但是它带给我很多的成长，让我的眼界更宽了。这份工作的年薪真的很多，我在这个岗位上做了三年多以后才离开，离开的时候，我已经挣到了我人生的第一桶金。

中年危机：投资好朋友失败，接手还是放手？

大部分人在 35 岁左右就会有一种中年危机的焦虑，特别是上班族，会担心失业，而且职位越高、年薪越高，更不好找工作。在我面临中年危机的时候，我有了一个投资的机会。我的一个好朋友准备创业，做一个销售软件，让我投资。当时我想，这是一个好事，万一我被开除了，找不到工作，那我也还有收入渠道。

当时我对投资也并没有很多的概念，就想着已经是认识很久的朋友了，所以没有考虑太多就把钱打给他了。作为一个全资的出资人，我还豪气地给了他50%的股份，想着这样他会更积极，但是万万没想到这次投资成了我人生中一个很大的教训。他在运营了公司大概一年后（当时我给他的投资款也花得差不多了，融资也一直不到位），突然有一天给我打来电话说："方方，我要退出了，我有其他项目要做，你自己来接手做吧！"然后，我就找不到他了！

晴天霹雳，我只能用这四个字来形容。我以为投资可以降低中年危机带给我的风险，没想到，却是一个更大的窟窿。就在我很彷徨的时候，我们前期接触过的一个投资人老李找到了我，给我抛来了救命稻草，他说："方方，你来接这个项目吧，我们已经确定了要投资你，但是你得从企业里出来，做这个项目的全职CEO！"

这对我来说是一个特别艰难的决定。我要是接受了老李的offer，那就意味着我要离开企业，也就意味着我将会失去稳定的工作，还有我的百万元年薪。而且我过去的职业经验都是与做销售和做营销策略相关的，我虽然是学软件工程的，但是那么多年没接触，怎样带技术团队呢？如果创业失败了，我以后要怎么办？很多很多的问题在我脑海里盘旋，我压根儿做不了任何决定。

思维误区：上班很稳定，创业风险很大。

- 重新定义：上班和创业都是有风险的，遇到事情的时候，不要急于做决定，可以和比自己有经验的人聊天，通过他们，找到更多的解决思路。

最后我还是离职了，也开启了我的创业之路。这个选择要感激我的第一个老板和我的投资人老李。经过跟他们多次沟通，我重新定义了这个事情。首先，我的前老板让我意识到不管是继续上班还是创业，都是同等有风险的事情，所以我要担心的不应该是风险，而是把控风险的能力。其次，这个事情看起来很糟糕，但是我应该相信老李的眼光和判断，毕竟他是一个资深的投资人。他愿意投资的前提建立在我能做好这个事情上，同时可以给他带来回报。最后，至于技术团队的问题，这个事情可以交给专业的人去做，也就是我可以招一个技术合伙人。

最后做一个简单的总结，我通过我职业生涯的三段经历，主要是想和大家聊聊在我们漫长的职业生涯里，我们肯定会遇到很多不如意的情况，例如很糟糕的工作内容、合不来的老板、各种办公室政治，这一切都会逼迫我们离职、放弃。但是如果我们可以重新去定义我们的工作，换个角度，我们就可以找到自己开心工作的方向。

我们不需要等待别人的改变，因为我们也无法控制或者改变别人，我们有时候甚至改变不了自己的处境。当我们设计自己的工作时，我们可以从接受现实开始，然后重新定义我们的工作，最后再找一些小方法来重新调整我们的处境。在这个过程中，我们就会逐步进入设计工作的状态，从而让自己在工作上更加投入、更加开心。

如果你在工作中面临不如意，欢迎与我联系，相信我可以帮助你重新认识你的工作，带给你更大的选择空间。

贺珍珍

寿险顾问
重新设计你的工作授权讲师
DISC授权讲师项目A4期毕业生

以终为始,增加样本,活出理想状态

思维误区:因为能量不够,多数人的人生是平凡的,是固定不变的,到什么阶段做什么事就好了,不需要设计。

正确认知:正因为能量不足,才更需要设计,才更需要把有限的能量用在真正需要的地方。

哪怕只是一株小草,能量微弱,却也因为大自然的设计,在春风中、在夏雨里,充分展现它的盎然绿意!

万物皆是设计,万事皆是设计,我们自己的学习、工作和生活,也是人生中最重要的部分,更需要设计!

他是一位平凡的农村老师、我初中的班主任。一次同学聚会时，他也在席间，我向他提了一个问题："以您的能力，在县城甚至大城市工作，绰绰有余，为什么这么多年甘心在农村教学？而且，据说这所学校的学生不仅成绩不好，道德品行更不好。"

老师回答："这些学生总得有人管吧！"这句朴实无华的回答，让人肃然起敬！他并没有做什么轰轰烈烈的壮举，就是那么平凡，那么执着，那么简单。这惹人敬爱的平凡、执着和简单，就是他对自己工作和人生的设计，他也把自己大多数的能量都投注于此，充分实现了他对自己、对社会的价值和意义！

之前碌碌无为的我，一直以为"人往高处走，水往低处流"，工作就是获得一份收入，用来养家糊口。这就是大多数人都会遵循的、毫不怀疑的、毫无修改的、近乎绝对真理的设计！一次偶然的机会，我静心回想：多年为之拼搏，为之奋斗的工作，似乎对自己没有什么重大的意义，因为我自己从来没有对自己的工作，乃至人生，进行认真的思考和设计，也从没有真正地认真想过自己究竟为何而拼，为何而战？

现在从事的工作，对于我们自身究竟有什么意义呢？

可能对于不同的人，工作有着不同的意义：它可以获得一份养家糊口的工资，它可以让我们有规律的作息时间，它还可以带给我们尊严，可以帮助我们找到使命并实现人生的价值……

对于你而言，工作又是什么呢？

认识工作，跟认识所有事物一样，可能需要远观、近看（从不同的角度来打量），甚至躬身入局，才能真正认识到它的本质和内涵。

从参加工作到现在，你有没有停下来，审视一下自己的工作呢？

增加认知样本

从前，有一个耍猴人和一只活泼可爱的小猴子。每到一个地方，耍猴人负责安排食宿、选位置、搭建场地、进行宣传等，小猴子负责表演，吸引人群，给人们带来新奇和快乐。每天耍猴人都会把获得的报酬中的 1/10 分给小猴子，自己拿 9/10。每天都能够施展才能给小猴子带来快乐，它也把这种快乐带给了所有观看表演的人。耍猴人也因为小猴子成功的表演，获得了更多的报酬。有了更多的收入，他购置了更好的设备，更高级的行头。收入越来越多，耍猴人和小猴子的生活越来越富足、美好。故事里的两个角色都收获了成功，都实现了自己的梦想，都实现了自己的生命的最大价值。耍猴人和小猴子有幸结合自身的特点和优势并与伙伴通力合作，最终获得成功，成就了自己，也成就了伙伴！

这个故事的结局是完美的，就是因为背后的设计！

这是不是跟我们的工作很像？实力雄厚的公司就是一个平

台,有很多人依附它获取各种资源。公司员工要么成为它的一个环节,要么另起炉灶与之抗衡……

小猴子做的工作耍猴人做不来,耍猴人的工作小猴子更是做不了。故事里,是二者的合作与拼搏铸就了各自的成功。

故事如此,人生难道不是如此?我们都知道工作没有贵贱之分,选择工作就是对自己的社会价值的一种选择,是对自己在社会关系中的角色的准确定位。不要嫉妒他人的技能,不要羡慕别人的成功。做什么样的选择,定位什么样的角色,就有什么样的工作,就会有什么样的人生。

增加实践样本

从实际工作中获得的任何体验,对自己都是有价值和有意义的。

自己的人生,遵循自己的思考、自己的设计,自己去体验才最真!

小马过河的故事,我们从小就听过,这个故事告诉我们一切要基于个人的现实情况做选择。

要想设计自己的工作和人生,我建议:首先,要真正懂得你的优势是什么;其次,要认真思考你希望自己成为哪一种类型的成功人士;最后,找到榜样,或者说是对标人物,向他们学习。

这样可以更好地帮助自己达到理想的状态，有更多机会在工作和生活中取得真正的成功。

也许，这不是多么高深和精巧的设计，但能真正帮到你。

增加斗志样本

很幸运通过海峰老师接触到王成老师的设计人生课程，在各种工具的支持下，我从无意识的偶然性到有意识地设计人生和工作。这种实验思维方式，也许会让我们对自己的工作和人生有不一样的思考和逻辑。

心理学家维克多·弗兰克尔，曾经在纳粹集中营受尽折磨，他的遭遇给我们带来很多能量。他说："如果你发现经受磨难是命中注定的，那你就应当把经受磨难作为自己独特的任务。你必须承认，即使在经受磨难时，你也是独特的、孤独的一个人。没有人能解除你的磨难，替代你的痛苦。

"一旦我们明白了磨难的意义，我们就不再通过无视折磨或心存幻想、虚假乐观等方式，去减少或平复在集中营所遭受的苦难。

"一旦他意识到自己是不可替代的，那他就会充分意识到自己的责任，认识到自己所爱的人或者未竟事业的责任，也就永远不会抛弃自己的生命了。"

陀思妥耶夫斯基说:"我只害怕一件事,那就是配不上我所受的痛苦。"

过往的一切成就了现在的你。一定要接受现在的你,接受现状,然后看看下一步可以做些什么。这就是海峰老师经常提到的"yes and act",平行思维、绝不对立、关注下一步。

同理自己,找到自己最好的状态,才有勇气面对一切。我们需要管理能量,而不是管理时间,请找到自己的能量地图,并且管理它。

海峰老师说过:"只有当我们见过足够多的精彩人生样本之后,我们才知道自己想要的生活究竟是什么样子!"

又到了每年一度的毕业季,希望我的这点经验可以为即将进入职场的同学带来一些启发。

生命宝贵,时间有限,让我们一起通过设计,达到自己理想的生命状态。

程红月

职场成长教练
重新设计你的工作授权讲师
DISC授权讲师项目A17期毕业生

认 识 工 作

思维误区：我所从事的行业是劳动密集型行业，我的工作钱少、活多、晋升慢。

重新定义：我所从事的行业是人际交往密集型的行业。在这里，我的沟通能力能够得到充分的锻炼。随着我对行业认识的加深与拓展，我可以转变认知，在工作中主动展现价值，获得我想要的职业晋升。

带着排除项入行

我的职场生涯不是从我想要做什么开始，而是从我不想要做什么开始的。

我用了三年的时间学习和实践英语教学,其中半年还跟着导师完成了一个课题实验,发表了一篇论文。然而,令我意外的是,这些经历没有让我坚定职业选择,反而帮助我找到了求职的一个排除项:不做教师。我当时极其朴素的想法是,我没有能力在送走一班又一班学生之后,坦然面对离别,面对一个人的落寞。

临近毕业时,我曾经服务过的一家翻译公司为上海某个国际知名的酒店招募行政办公室实习秘书,我前去应聘。其实,我对酒店行业一无所知,对秘书的工作也只是略知一二。先去了再说,我心想。两个候选人中选一个,我成了那个幸运儿。

实习秘书的工作内容是整理文档、接听电话、转接或留言,再加上一些文件的翻译。由于行业对我是全新的未知领域,所以我花了不少时间通过阅读过去的文档来了解行业词汇、运营事件和汇报流程。工作虽然简单,但每天忙着整理"学习"笔记,我感到很充实。

实习很快就到了尾声。我在临结束前的一周写邮件给我的主管,申请留在酒店做正式员工。他爽快地批准了。那时的申请来自我对这份工作最表象的认识:只要走出办公室,我便可以将工作完全放在脑后。生活与工作,泾渭分明。

工作远大于岗位

然而,好景不长。没过多久,我便已经熟悉了行业的基本框架，面对着打印出来的、一份份厚厚的文档，机械地做着整理档案和放入档案柜的动作。我开始感觉到单调和枯燥——这不是在浪费我的时间吗？

我的这种疑问在听到了总经理分享行业是什么之后被慢慢地驱散了。

这位总经理来自德国。他当时的从业时间已近30年，他从厨房开始做起，一步步地做到了总经理的职位。老先生像一位睿智的长者，在一次员工培训活动上与我们分享了他对于酒店行业的认识。

他说："酒店行业就是一个小社会。你在社会上经历的所有事情都会在酒店被摹刻。在社会上，我们要采买；在酒店里，有财务部和采购部。在社会上，我们要安居乐业，追求成长；在酒店里，有人力资源部和培训部。在社会上，我们要保障安全和安定；在酒店里，有安全部和工程部。所以，你们不用特意跑到社会那个大池子里去锻炼，在酒店里完全可以。"

大家听了，都哈哈大笑起来。正是他的这段话为我打开了认识工作的一扇窗户。

机会很快就来了。那一年，大师杯网球赛"落户"上海，那是具有里程碑意义的一项国际赛事，我所在的酒店承接了该赛事全部的现场餐饮服务。由于赛事规模很大，所以需要来自不同部门的员工支持。我得知后，立即申请加入。很快，我被安排为首席领位员，带领 50 名领位员一起，每天迎接 3000 位前来观赛的客人用餐，连续 7 天。那是我第一次接触岗位之外的其他工作，忙碌而繁重，也让我见证了大型宴会如何从 0 到 1 筹备完善起来。

对行业的认知会帮助你站在高处看当下的工作。它会让你意识到你的工作并没有受岗位限制。只要你想，你都可以伸出手，去争取不同的锻炼机会。

认识工作的广度和深度

劳动密集型行业很容易被人误解为工作内容单一，没有延展性。身在其中的人们久而久之，难免会陷入习惯性思维，会忘记任何一项工作都是可以拓展其广度或深度的。

这个认知是在我入职一年后向人力资源部经理提出调整工资时被"点醒"得来的。

那天，我鼓起勇气，略带忐忑地将我的诉求讲了出来。没想到，我们的对话很快就结束了。

"红月，谢谢你来找我说出你的想法。请问你的工作内容增加了吗？"

"没有什么增加。"

"那么，请问你的工作难度增加了吗？"

"也没有。"

"看来你的工作的广度和深度都没有发生变化。在这样的情况下,很抱歉,我没有依据给你做工资调整。"

我并没有灰溜溜地走出办公室,而是带着一种对工作新的认知开始了探索。

这样的探索我在很多同事身上看到过。

员工小 K 因为嗓音条件好,经常主动地参加企业人力资源部组织的活动,担任主持。要知道,为了参加这些活动他用了不少休息时间打磨和排练。几次下来,他的演讲和舞台呈现功力明显纯熟了许多。有一次,集团安排各分部拍摄雇主文化的视频,小 K 因为独特的优势被选中。后来,一个海外新开分部的总经理看到了那个视频,小 K 的表现给他留下了深刻的印象。最终,小 K 被邀请调职到海外的分部工作。他职业发展的道路越走越宽。

S 先生是一名厨师。他喜欢钻研菜品,乐于不断地尝试。一道叻沙面(东南亚地区的一道面食)被他当成自己的"作品",从食材,到酱料,再到摆盘,每一个细节都不马虎。公司被他的执着打动,还特意将他送去马来西亚和新加坡品尝叻沙面和学习最地道的叻沙面做法。S 先生回来后,根据客人的口味又做出了调整,最终将这一道叻沙面打造成酒店餐厅卖得最好的特色菜,而他在公司内的个人品牌也牢牢地建立了起来。

不断拓展工作的广度会让你被更多的人被看见,增加曝光的机会;持续探索工作的深度会让你成为行业专家。

用好故事讲述好工作

在《设计你的工作和人生》一书中，作者提出了故事思维："讲故事是人类进化的自然要素，是使自己的经历和生活变得有意义的方式，也是我们彼此建立联系的方式。"

我们不仅可以通过讲述自己的故事来改变工作体验，还可以邀请他人讲述他们的故事来帮助我们认识工作。

我邀请朋友们分享他们在工作中最有成就感的事情：

● 和不同部门的同事一起，从无到有，策划筹备并圆满办成一场活动。

● 本来没有双床房了，但是，在我的努力下，帮客人争取到最后一间双床房。客人给我七星好评。

● 外国总厨来找东西。他不会说中文，师傅们也没有听懂他讲什么。刚好那个单词我知道是什么，就告诉了师傅。因为这样一件小事，我受到了他们的夸奖，很开心。

● 帮助一位巴西客人寻找他曾于1998年在上海捐赠的一件物品，完成他的心愿。客人的要求得到满足是我自身价值的体现。

● 在一个很漂亮的游泳池，发现一个不怎么会游泳的客人，我介绍了自己的方法并分享了游泳教程，让客人在短时间内收获了会游泳的愉悦，同时自己也非常开心。赠人玫瑰，手留余香。

做一个故事的收集者吧！那些故事会让你看到在工作这座小花园里，花开万朵，精彩纷呈。

结 束 语

三百六十行，行行出状元。每一个行业、每一份工作都有其优势。只要你足够用心，跳出"岗位"本身，你就会对工作有全新的认识，会发现工作中更多的可能性。

第二章
生成式接受

更多设计人生视频资料，
设计工作课程资料，请扫码

在后疫情时代，面对人工智能 ChatGPT 的到来，我们如何把工作变得更好，变得更加精彩和有意义？

行业被颠覆、你所从事的职业正在萎缩或者消失，面对这样的现状，我们如何设计一份全新的、更加适合自己的工作呢？

人生没有"最优解"，我们可以在工作中寻路探索。《设计工作》源自斯坦福大学设计人生体系，书中所倡导的积极接受你的现状、主动管理你的能量和重新设计你的工作，可以帮助你获得更理想的工作状态！

斯坦福大学设计思维分为接受、同理、定义问题、生成创造、制作原型、测试6个步骤。开始前先接受，接受我们当下的状态，接受当下的自己。为什么要接受？如何更好地接受？这是本章的重点。

也许你此刻正经历着被强势的领导压制，被糟糕的企业文化、没有意义的繁杂工作困住，因而失落、焦虑、烦躁……

面对这些，我们可以做些什么呢？是否能走出现在的困局，选择什么样的接受方式很重要。

第一种：压迫性接受。一个人老是觉得自己是受害者，所以就听天由命。

第二种：抑制性接受。一个人盲目乐观，只停留在幻想状态，期待外部环境的改变。

第三种：生成式接受。一个人接受当下的自己，认为当下的自己足够好，开始尝试更多的可能。

　　大家可以先回想自己最近的状态，是听天由命、盲目乐观，还是接受当下足够好，关注于能做的事情。接下来，重新设计你的工作的授权讲师们将结合他们的职场经历，向你讲述更多关于生成式接受的故事。

陈韵棋

深度陪伴写作教练
重新设计你的工作授权讲师
DISC国际双证班F4期毕业生

生成式接受

设计工作,听起来主要应用在职场上,事实上,它同样适用于创业的人群,而且对于创业者来说,在接受挑战后所做的决策,更是决定着个人和团队的发展。

生成式接受,助我找到方向

作为一名自由讲师,疫情对我的影响非常大。在探索的过程中,我也经历了压迫性接受和抑制性接受的阶段。最后,我通过生成式接受，找到了自己的方向。

2020年1月初，在组织完DISC＋社群4周年庆的活动后，我们的生活毫无征兆地按下了暂停键。一开始，我还很乐观，因为过去几年一直奔波于各个活动，终于可以趁机休息一下。而且，不是只有自己没有业务，整个培训行业都受影响，那就一起"躺平"吧。

世界总不会按自己的想法存在。时间长了，大家慢慢接受现状以后，线上各种学习资源突然涌现在各个社群和朋友圈里。我也开始焦虑、发慌。于是，我决定奋起直追。我开线上直播和开语音课，然后开始推广线上训练营，同时还联系了熟悉的培训机构。

一顿操作下来，并没有任何起色。因为企业大多开始控制费用，非必要的情况下不会外购课程。难得还有培训需求的企业邀请我，我却因为风险控制而无法外出。在这次黑天鹅事件中，大多数企业需要一点时间来恢复能量。

有一天，朋友跟我聊天，说想重启公众号写作，但对自己的文笔没有信心，所以想请我帮他改文章。因为他知道我在过去7年里帮助DISC＋社群、新女性创造社和新商业女性等社群出版了17本图书，而且自己还出版了《私域流量运营指南》。

他说，在大流量时代，只要有产品，用户就会购买。不管是不是行业的头部，大家都能分一杯羹。今天，随着媒体暴增、产品暴增、广告暴增，用户的注意力被极度分散了，同时被分散的还有流量。当我们再把产品投放到市场上时,购买的用户就越来越少。在这个产品严重同质化的年代,用户也开始审美疲劳。如果有 IP 赋能,产品销量和溢价都会更高。

所以,他希望可以通过自我表达来吸引喜欢他的人,不再为了流量,不再为了粉丝数和关注度。虽然他平时做直播,也拍过短视频,但是,一条短视频能表达的内容有限,而且偏娱乐性,用户对他的认知仅停留在表面。

他想用文章全面深刻地呈现自己的思想和文化,展现个人观点以及背后的故事,同时,把视频号的优质内容沉淀下来,让文章可以长时间留存和发酵。虽然公众号的阅读率不高,但它依然是目前高质量文章产出最多的内容平台,是目前商业价值最高的内容平台,也是最高效、最有深度的和用户沟通的工具之一。用户还是会看公众号,只是会做筛选,自动屏蔽掉嘈杂的声音,只关注有深度的内容。

我突然发现,"深度陪伴写作"是我非常擅长而且热爱的事情。我可以帮助大家打磨框架(包括开头、结尾、小标题等),让文章的表达条理清晰;可以优化表达,挖掘文章的价值和亮点,并且删词改句;还可以快速给予反馈,帮助他们快速拿到结果。

在这个人人都可以成为个人品牌的时代,我用生成式接受的方式,找到了新的发展方向。在这个群星璀璨的时代,我成为那个擦亮星空的人,帮助更多人呈倍数地扩大影响力。

生成式接受,助力发现新商机

电商的高速发展对传统行业的影响日渐明显,比如服装行业。面对同样的大环境,不同人有不同的接受方式。

第一种,压迫性接受。他们想着,反正现在饿不死,能做一天算一天。就算每年萎缩10%~15%也无所谓。但是,几年后,他们慢慢发现,再也回不到过去了。

第二种,抑制性接受。他们是一群非常上进的人,他们抱着使命必达、人定胜天的信念,相信即使在行业不好的情况下,只要通过自己的努力,一定会有好的回报。他们从上海到广州,不断拓展渠道。两年后,他们没有获得很好的发展,有些人甚至处于破产的状态。在这种心态之下,他们虽然非常努力,却无法在固有的模式和状态下获得新的成果,最后,越努力越困顿。

第三种,生成式接受。他们顺势而为,找到新的经济模式,重新布局。

饼干(化名)有一个女装品牌"漂沃"(pure life),实体店开在当地的高端商场里。轻设计的理念吸引了一批粉丝,所以,他陆续开了几家店。

2018年,饼干意识到,在互联网时代,再用这种传统的方式来运营，是赚不到未来的钱的。于是，他放弃了本可以疯狂扩张的机会，开启了探索之路：把商场的专柜搬进了社区，去离消费者更近的地方。固定成本降低以后，饼干首先调整了产品的价格。高性价比的产品，吸引了新一批消费者。

后来，他发现消费者对生活方式和情绪价值有很大的需求。于是，饼干就开始组织一些线下主题活动，让一群有着共同审美和爱好的人互相靠近。没想到，神奇的事情发生了。一些消费者非常愿意参加饼干组织的活动，其中一部分还是意见领袖。他们既是参与者，又成了组织者，充分地发挥创造力，也非常享受因此产生的情绪价值。

比如，在春天组织一次踏青活动，核心就是大家一起出游、拍照。参加活动的粉丝们，自动穿上饼干家的服装，其中有一些粉丝就是专业摄影师或者摄影爱好者，他们自己带上器材，免费帮大家拍照，或者和大家分享拍摄技巧。

活动中的所有素材都可以成为买家秀，而且是非常优质的买家秀，照片中透出的喜悦，不是一般的模特照可以展现出来的。饼干给他们提供了情绪价值，他们成为饼干的忠实客户和朋友，这个过程也是相互赋能的过程。

面对新的发展，饼干用生成式接受的方式，勇敢地迎接新挑战，打破传统的模式，找到消费者的真正需求，重构了和消费者的关系，开启了新经营模式。即使在疫情期间，他的店铺依然有着非常高的增长。

爱因斯坦说:"我们不能用制造问题时的同一思维水平来解决问题。"

生成式接受,帮助我们打开思维,在另一个维度找到更优解。

冯玉秀

HR管理者
重新设计你的工作授权讲师
DISC国际双证班F2期毕业生

每一次困惑，都是逆风飞翔的动力

很多次在晚上9点或10点离开公司时，我总是开着车着急地往家赶，想要赶在儿子睡觉前到家，希望他在进入甜美的梦乡前有妈妈的陪伴。在着急回家的车上，我总带着些许烦躁和愧疚，总会想："为什么我要加班到这么晚？这么晚回家有意义吗？有什么工作可以分出去给他人做？"

作为职场妈妈，我很在意能否陪伴孩子成长，也追求职场上的精进与成功，既想陪好孩子又想做好工作。工作家庭平衡难不难？说"不难"是谎言，把任何事情做好都需要投入时间和心力。很多次开车回家时，我都会思考我的两难困境：做好工作及陪好孩子，是只能二选一，还是可以两者兼顾？

有一天，白天的时间全被枯燥又消耗能量的会议占据，我只能在部门同事离开后，才有空梳理手头的事情，查看未读邮件，回答老板问题，审批日常单据。突然间，办公室的门咚咚咚响，同事跟我打招呼，询问要不要一起走。一直盯着电脑的我抬起头，满脸疲惫地告诉他我还有一堆事情没有忙完，请他先走！同事对我发出了一个灵魂考问："Are you a qualified Mom？"（你是一个合格的妈妈吗？）

突然间，我愣住了，但很快我整理了自己的思路，回答道："如果说从时间的陪伴上来讲的话，也就是定量方面，或许不合格，但是从定性方面来讲，应该是合格的！""不要玩文字游戏啦，你儿子肯定希望早些见到你，赶紧回家陪孩子吧！"同事的催促很有力量，却加重我的烦躁和愧疚。

我想要做好工作，想要及时回复老板的问题，想要在会议前准备好所有材料，想要及时做好审批不耽误进度，想要耐心接待每一个同事及回复他们的咨询和问题，这样才能有好的声誉，这些都是我在工作中想要做好的事项。然而这些工作带给我充分的能量让我更有激情和创造力地去工作了吗？我想答案可能是否定的，因为我没有在当前的工作中感受到目标和价值，我的这些工作让我产生倦怠。

为什么会产生倦怠，我还在吭哧吭哧加班处理着各项工作呢？因为我有很多借口，这样做我才是一个大家眼中的"好"同事，我肯定可以处理好所有问题及难题。这就是典型的抑制性接受。我只有做得更多，大家才会看到我的努力和能力，我相信人定胜天，凭自己的努力，肯定可以达成目标。

但作为一名职场妈妈和管理者，我的目标和价值应该是什么呢？

老天对爱思考、爱学习的人特别关照，很幸运在我苦苦思索"目标和价值"这个问题的时候，DISC＋社群包班课"重新设计你的工作"吸引了我的注意力。购买了相关书籍，提前阅读，做好充分的准备后，我向老公和儿子提前请好假，利用周末休息时间，从青岛飞去广州，开启设计工作的旅程。

自从疫情和怀孕生子，我三年多没有参加线下的学习了，所以特别期待这一次的学习。周五的时候看到群里大家说，上课地广州下大雨，好多航班被延误、取消，我也收到了航班延迟的消息，由原来的晚上 8 点半推迟到晚上 11 点半。这次行程的使命重大，会助我探索及找到重新设计工作的妙计，我并不担心航班延迟，耐心等待起飞。到达机场后，才发现延迟到晚上 11 点半只是乐观的预测，只能一直等待确切的起飞时间。在起飞时间不确定的情况下，为了保证第二天上课时有好的学习状态，我在候机室里的长凳上眯了一会儿。回过头来看，生成式接受在清晰目标是什么的时候，可以轻松做到。直到第二日凌晨 1 点多，迷迷糊糊的我被吵醒，原来要登机了！坐上飞机，背贴在椅背上的那一刻我好像立马就睡着了，直到 5 点左右醒来，才发现飞机已经降落在广州。听美丽的空姐说幸好 5 点前降落了，要不然飞机就要折返，我心里想："这真是老天让我来学习啊！"

在上课期间，我知道了，困住我的并不是"只有我做得更多，大家才会看到我的努力和能力"，也不是"我如何才能做好工作和生活的平衡"，而是我有没有机会去"接受当下，接受自己"。

如何"接受当下，接受自己"呢？设计人生的答案是"持续搞清楚，自己到底要什么，现在可以做什么"。也就是说现在先不要着急给答案，先把问题搞清楚，只有搞清楚问题才能解决问题。

所以再回头审视自己最初的问题："作为一名职场妈妈和管理者，我的目标和价值应该是什么呢？"我已经有了自己的答案，那就是不论目标和价值是什么，现在所有的努力都不是徒然的，接受所有的问题、所有的困惑、所有的思考、所有的帮助，我们积极努力探寻各种机会，找到适合自己的答案。

我找到的答案是：

接受不足和困惑，然后思考和觉察。

不要独自作战，要有意识地给自己打造人生设计团队，加入一个靠谱的持续学习社群。

生成式接受，不要试图改变别人，先帮助别人接受。

人生没有最优解，在工作中寻路探索，选择对的队友。

2015年，在我三十岁的时候，我已经在外企就职HR经理好几年了。明明在同龄人和前辈看来自己已经做得很好了，但我却有一种莫名的焦虑。焦虑促使我找到并加入了DISC＋社群，参加培训认证学习，收获了知识并且在强大的课程里训练了技能。但这个过程也给我带来了强大的压力和挫败感——虽然我在我的城市里很好，但放眼更大的城市、更多的同行和前辈，我真的有太多不足的地方，然而不足才是前进的方向，这是成长的机会呀！

空余时间，我努力参与和投入社群组织的各种活动，和社群的伙伴们积极互动建立有效的联系。想要成长不是等或靠别人刻意培养才能成长，"我想要"才是最大的生产力。在DISC＋社群，我组织过几十次DISC认证班，也组织过多次几百人参加的DISC一日商学院活动，参与且支持国际认证课程、参与合作翻译经典书籍并出书，成为杂志封面人物，担任联合主讲，DISC好友（人生设计团队）遍及全国。

在这八年多时间里，我经历了从单身到用DISC逻辑找到Mr. Right，再到结婚、生子，工作上也跳出了舒适圈，离开了大家看起来很好的公司，来到更大的城市，接受新的挑战。

总结来看，在学习"重新设计你的工作"之前，我已经和优秀的DISC伙伴们常常一起学习交流活动，并在无形中养成了设计逻辑。我相信,有人生设计团队和DISC+社群加持,凭借生成式接受心态,选择对的队友,我的未来将大放异彩。

我的经历告诉我:珍惜每一次困惑及压力,那是逆风飞翔的最佳动力!希望你也能从中收获重新设计工作的勇气。

宋黎媛

职业生涯咨询师
重新设计你的工作授权讲师
DISC国际双证班F21期毕业生

阿美的"破圈"之术
——生成式接受咨询实录

倦怠生活 vs 人生设计

阿美今年45岁，高中毕业后便嫁给了同村的阿祥，从此相夫教子。和阿祥结婚后的20年光景里，他们拥有了两个孩子。离婚前，阿美从没想过要去阿祥的公司当财务总监，却每天坚持看书、学习，她总认为一个女人一定要拥有充盈的内心，这样才能不至于失去自我。在她45岁生日那天，她参加了一场关于女性职业生涯的讲座,也正是在那场讲座中,她第一次听到了"每个人都是自己人生的设计师"。

参加那次讲座之后,她时常检视目前的生活。每天早上6点,她就要起床为丈夫和上高二的女儿做早饭,等丈夫和女儿出门,她便开始专心打扫卫生;做完家务后,便是她自己的时间了,她会打开听书软件,一边听书一边记笔记,这是她目前唯一的成长方式,因为她一直觉得自己看不了纸质书。差不多到11点,她高中辍学后加入职业电竞行业的儿子起床了,她要为他准备午饭。因为阿祥的事业发展不错,她一直不需要为家庭经济操心,但正因为如此,她觉得自己被牢牢钉在了家庭主妇的位置上。

但这并不是她想要的生活。对!她不想要这样的生活。然后,阿美陷入了一个非常糟糕的境地。每天睁开眼睛就觉得那不是自己想要的生活,渴望改变,但又无力改变。五年这样的生活,已经让她与外界的环境脱离,她甚至没有自信能在外面找到一份工作。她开始责怪自己的无能和安于现状,也开始责怪阿祥和两个孩子对她的拖累,吵吵闹闹中,她和阿祥离婚又复婚,但生活依旧无法改变。阿美的生活正如斯坦福大学人生设计实验室创始人 Bill Burnett 在《设计你的工作和人生》一书中所写的:"一个没有人生设计思维的人,沉迷于'不够好'的泳池尽头,对自己所拥有的一切都不太满意。"

思想误区：我要如何改变。

重新定义：我要拥有怎样的人生。

陷入困难情境，暂停思考 vs 接受困难情境，深入思考

"如果给我一次选择的机会，我会不会选择和现在截然相反的生活？"阿美开始思考，但问题无解。她无法抛下高二的女儿以及在家的儿子不管，也没有出去谋得一份工作。她发现她比之前更焦虑了。选择权在她手中，但她似乎成了我们常见的那种人——对生活充满了抱怨，但是无法用行动摆脱困境。阿美找到了当时讲座的讲师咨询答案，而那个讲师就是我。我提议她别急着想方设法摆脱现状，先看看到底哪里出了问题。既然无法改变，那有没有可能，改变观点，让"当下变得足够好"。于是，她决定迈出设计人生的第一步——接受现实、放眼未来、寻找机会。

这是我与阿美在沟通中做的生成式接受练习，我鼓励她思考破解之法：

脱离社会五年了，但想在一周内摸清行政管理岗位的日常工作内容。

儿子每天练习电竞，日夜颠倒，中午没人给他做饭，他只能吃外卖。

如果出去挣钱，家里没人照顾，女儿高二了学习成绩万一下

降可不是闹着玩儿的。

刚开始阿美是拒绝思考的,因为她觉得无法破解这些难题。但我鼓励她拉长成就目标的达成时间,设置细小目标,一点一点获得成果。当然做这种练习时不能设置一些十分难以达成的目标,以免对方退却。慢慢探索,鼓励思考,生成式接受是设计人生思维的第一步。而一旦阿美开始接受并试着调整,那么她便已经向"设计更理想的工作"迈出一大步了。

思想误区:这些问题对我来说是无解的。

重新定义:我可以设计我的人生,在现有的生活中设计改变,然后获得更多的空间和机会。

重新设计问题,体验"当下足够美好"

完成了现状的分析,真正的调试正式开始。

首先,她制订了一个计划,每周约至少两位在职的朋友喝咖啡,她会在喝咖啡时了解职场信息、社会环境,目的是让自己逐渐融入社会。渐渐地,她发现自己能和朋友们聊一些职场中的事儿,开一些职场人士会开的玩笑。有了这个设计,她发现自己变得不那么恐惧外界环境了。

然后,她开始在周围寻找能在家中摸索的工作模式,很快她就找到了一种"微创业"项目。这个项目主要提供给那些日常喜欢通过学习提升自己且又喜欢"零工经济"的微创业人士，让他们能在完全自由的环境中做一些课程的销售工作，这些课程也可以给他们自己学习使用。她特别喜欢这个产品，还为自己挑选了一款关于学习理财的产品，通过这个课程的学习，她用自己存着的钱买了理财产品，很快获得的收益令她大受鼓舞。于是，她开始推销这个课程，而她的好友——一位和她一样渴望改变的闺蜜成为她的第一位客户。

现在的阿美仍然每天忙碌于菜场和厨房，但是她对职场保持着关注。她在一次一次的邀约聚会中，不仅获得了朋友们的职场信息，还获得了一大批职场资源，他们也开始关注到阿美正在销售一些"她本人亲自体验过的有效课程"，阿美的资源池开始形成，她的销售业绩也开始向上走。有一天，她再次找到我，开心地告诉我，她似乎接受了"当下足够美好"这个观点。

"当下足够美好"，这是一种生成式接受的思维，它帮助了阿美，同样也可以帮助你，让你不再是牢骚满腹但又毫无行动的人，让你摒弃"大局如此我只能逆来顺受"或者"我等着就好"的想法，成为一个"蓄力待发、顺势而为、伺机出动"的人。生成式接受不是要你安于现状，而是要你接受现状并思考、设计出调整的方法，然后保持你的好奇心，与人交谈、不断尝试，最后完成一个关于你的"新"的故事。

马飞鹏

美国NLP大学认证高级导师
重新设计你的工作授权讲师
DISC国际双证班F56期毕业生

生成式接受让人生更美好

生成式接受是用积极的态度去接受现实,这让我想起自己生命中的几段经历。

我的生成式接受经历

我曾经在一家公司任高管,在与第一任总经理的配合中,感觉很好,彼此互相信任,所带领的部门绩效也很高。后来总经理离职,新来了一位总经理,由于彼此的信任感不足,我感觉到被他严重孤立。

一开始，我的状态是消极地接受，工作热情极低，踩点来，到点马上下班；后来感觉越来越差，开始直接与他对抗，结果自己在公司几乎无法立足。直到有一天，我在参加完一场心理学培训之后，自己产生了一些思想上的变化，开始尝试着与这位总经理聊聊家常和积极沟通，增进彼此的了解，我发现他并不是原来想象的那样不好，于是，我在工作上更加积极主动，在这位总经理的帮助下，自己的职业生涯又进入高速发展的阶段。

疫情开始，我的线下培训开始受影响，很多线下课被延迟或者取消。刚开始时，我每天情绪都很低落，一段时间之后，我开始研究在当时背景下，客户到底需要什么课程。

经过几轮客户调查后，我发现客户对于线上培训还是有很大需求的，演说类课程也是很多客户的刚需。基于客户调查，我将之前的NLP专业课程进行了升级，使得它更加符合客户目前的需求，慢慢地，我的主打课程的学员人数开始恢复到2020年之前的人数。我又基于客户调查开发了两门线上课程，交付后，学员满意度达到95%以上，现在这两门线上课程的学员人数还在持续飙升。此外，我还开发了演说类课程。截至目前，该课程已培训2000多名学员，学员对于课程的满意度也非常高。

有一段时间，我经常回忆过去，失败的事情、不完美的事情，总是令我产生悔恨的情绪，我试图去忘记，发现做到很难。

后来，我运用一些心理学知识，重新审视过去，发现在过去的那个时刻，其实自己已经尽力了，事情失败或没有做到完美，与自己当时的能力和状态息息相关。我积极地总结经验。我发现这些经验对于未来有很大价值，自己也开始慢慢接受过去那个不完美的自己。

我身边的生成式接受案例

我有两个可爱的孩子，他们进入小学后，对于学习总是不自觉，又会犯很多错，所以有段时间，我经常批评他们。在那段时间，我自己的心情很差，亲子关系也出现问题。

觉察到这个糟糕局面之后，我开始把目光更多地聚焦在孩子的优点上，心情也开始变得愉悦起来，对于孩子表现好的地方，也开始积极地给予表扬、肯定，亲子关系有了极大的改善。

当再发现孩子有做得不好的地方，我就用朋友般聊天的方式给予他们一些建议，孩子也更愿意接受我的建议，行为习惯也变得越来越好。

我有一位下属，工作能力很好，绩效也很高，但总是爱抱怨，每次我与他沟通后，自己的心情也会非常低落，所以很长一段时间，我都避免与他见面沟通，两个人的关系也变得冷淡，我甚至在其他同事那里听说他声称想要离职。

一个下午，我约他聊聊天，从朋友的角度听他说。他还是一如既往地抱怨了很多，谈话中我一直积极聆听，这给了他很大安慰，他感激得流泪了。

在那次谈话后，我能感受到我们的关系更加近了，他的工作状态也越来越好了。后来，我部门的很多大单都是这位下属创造的，他也得到了晋升。我很庆幸那天下午自己用接纳的态度与他进行了深度的沟通。

可见接受是一切的开始，消极的接受会让事情变得越来越糟糕，生成式接受会让事情向越来越好的方向发展。工作越来越好，家庭也会因此越来越和谐、幸福。

吴颜佳

实战派人力资源操盘手
重新设计你的工作授权讲师
DISC授权讲师项目A8期毕业生

接受自己，接受当下的我足够好

思维误区：压迫性接受、抑制性接受、生成式接受，哪个好？

重新定义：三种接受方式没有好坏之分，也许你会依次经历，也许你会反复经历。快速地进入生成式接受，接受当下足够好。

我们怎么了？

唐菲说："1个部门8个员工，有4个管理总监，我都不知道我能干到什么时候！"

雯子说:"老板的专业能力太差了,不懂乱指挥,干着憋屈。不想干了,但是我又不知道能干什么。"

天宇说:"将来我要找一份轻松的工作,每天朝九晚五,工作强度不大,上班还能摸鱼睡觉。"

在过往的 HR 职业生涯当中,经常会有朋友跟我谈起他们的工作状态及对工作的理解。在他们各种倦怠和无奈的背后,有一种被现实卡住的无力感——我改变不了现状、我熬不走老板、我找不到工作的意义。

从小到大,我们总被教育"你还不够好、你需要努力,你需要达成更高的目标",这导致我们总是不能接受当下的自己,总觉得还要更努力。

我也被卡住了

面对当前快速的、颠覆性的变化,我们发现我们熟悉的那个过去不复存在了。未来,知识的获取、会议组织、考试模式都将面临巨大变革,我们是选择纠结自己的能力不够,留在原地观望,还是选择顺应变化向前一步,抓住机遇设计我们的未来?所有的一切取决于我们是否接受当下的自己。不可否认,在一定程度上人类对自我的不满足是社会进步的动力,然而当这种不满已经对我们的精神状态产生负面影响的时候,我们是否可以善待自己,接受当下的自己足够好?

2023年1月之前,我在一家中国500强公司的商业地产板块从事人力资源的工作,拥有一份不错的收入,做着自己喜欢的招聘配置及人才发展工作。

然而从2021年年中开始,危机已经显现,地产行业进入了一轮下行周期。面对行业下行,公司业绩下滑,项目收缩,我开始对未来的前景感到迷茫和无力。大概有半年多的时间,每天我都在问自己:我的未来在哪里?我因什么而工作?工作又是为了什么?

2023年1月,我选择了离职。离职后,我开始盘点自己多年的职场生涯。从2013年开始学习职业生涯规划,到盖洛普优势测评、DISC行为风格,一直以来,我总在向内探索自己,积极寻求成长。但是面对地产行业整体下行,我却仍然无能为力,心中隐隐有些落寞与不甘。

朋友说:"你能力强,加上多年的经验积累,一定会找到工作的,放心。"一时间,我也沉浸于虚幻的赞美里,开始盲目自信,觉得人定胜天。我耐心地等待,等"金三银四"招聘旺季的到来。

然而2月末,我却开始焦虑了。我尝试找之前的猎头朋友,刷新简历并跨行业投递,但面试机会始终很少。经历了疫情,企业业务的增长需要一定的周期。因地产行业的一轮周期波动,很多优秀的人流入了人才市场。人多,市场需求少,企业的选择性就大,选择周期就长。

我回想起《人生设计课》里面的一个小故事。库尔特,毕业于耶鲁大学和斯坦福大学,他投递了38份简历,但1份工作邀请也没有收到,用传统方法找工作的失败让他沮丧。当他意识到找工作要运用设计思维时,他停止了投递简历,对自己特别感兴趣的人进行了56次人生设计采访,获得了7次高品质的工作邀请。在美国,公布在网络上的招聘信息中,只有20%的信息是有用的。我开始思考:中国的招聘市场是否也如此呢?

从生成式接受开始

借由阅读《人生设计课》,我开始慢慢接受当前的现状,开始盘点我能做的事情,并快速地开展微小的行动。

有时候不是你厉害了才开始,而是开始了你才会很厉害。我开始给自己设定了小目标:每周输出一篇微信公众号文章和每周坚持3~5次视觉笔记的练习输出。最开始的时候,我只敢自我欣赏。但是当身边朋友不断认可我的时候,我变得更加投入,尝试一点点地打磨自己的内容。短短1个月时间在小红书收获了50位的粉丝,这无疑给了我强大的自信。

我把在《人生设计课》这本书中学习到的设计工具在自己的

身上一一应用，比如"爱乐工健"仪表盘、人生指南针、美好时光日志、"奥德赛计划"、职业输出组合（金钱—影响力—表达力）、原型设计等。

通过人生指南针和职业输出组合，我找到了自己以前工作中的卡点，我渴望的是一份通过帮助别人而获得影响力、提升表达力的工作。通过"奥德赛计划"，我找到了人生的三种可能性：从现有的工作中衍生出的能力——培训讲师或者教练；如果未来HR行业被人工智能颠覆，我可以尝试从事带给我心流的视觉笔记师的工作；如果不考虑金钱的情况，我还希望成立一个女性公益组织，帮助职场女性获得更理想的人生。三个"奥德赛计划"给我展示了未来人生三种不同的可能性，让我拥有了掌控感。

与此同时，我成了源自斯坦福大学的重新设计你的工作授权讲师，进一步掌握了设计工作的理论及工具。现在的我正走在更理想的工作道路上，通过帮助他人获得成就感和影响力。

拥有更理想的人生

回顾这一段时间的尝试，整个人生似乎被重新激活了，我的工作充满了意义，获得愉悦感，爱也因此在家人之间自然地流淌。身边的朋友说："现在的你眼里有光，活成了自己喜欢的样子。"

我是一个特别平凡的例子，通过描述我的经历，希望向大家传递的是：当我们遇到职场中颠覆性的改变时，有压迫性接受、抑制性接受，以及生成式接受 3 种接受方式。它们没有对错，也许你会依次经历，也许你会反复经历，但希望你能更快速地进入生成式接受，关注自己能做的事情。

接受当下，接受自己，活出更理想人生。

未来我们一起前行

此时此刻，我正在富有诗意的杭州记录下我的改变。如果你喜欢我的故事，希望未来能有人陪你一起前行，欢迎与我联系。期待可以在未来与你相遇，一起活出更理想的人生。

杜晓波

大学毕业生就（创）业指导师
重新设计你的工作授权讲师
DISC授权讲师项目A10期毕业生

好的工作源于设计

思维误区：在等候区的时间太长，消耗了自己的能量。

重新定义：利用现有资源，做出决定，快速地实践，直到自己认为成功了。

你是不是也有这样的迷茫？VUCA时代还没来得及适应，我们就被推着进入了BANI时代。

如果用一个词来描述你当前的工作，你会怎么总结呢？

如果你处在糟糕的工作环境里，你会不会想辞职不干了？可是太多的不确定又让你没有了一下子辞职不干的勇气，因为不知道下一份工作是不是真的就会比现在的好！

如果你感觉现在的工作还不错，但是有一个机会让你重新选择，这个机会也许不会提供比现在更高的薪资，但是会让你的满意度大幅提升，你又该何去何从？

重新设计可以收获更多的快乐，更有价值的工作，创造更好的工作表现，活出更好的人生状态！

设计人生创始人之一的 Bill Burnett 就面临过这样的问题，他是苹果公司强力笔记本部门的主管，自己有五家公司，而且还做得特别成功。他还是星球大战玩具的设计师，beast 耳机的设计师。他也是斯坦福大学创新方面的客座教授，但这是兼职的。这个人是不是已经走上人生巅峰了？非常有钱，也非常成功。

有一天，他遇到一个问题，斯坦福大学创业中心的负责人要退休了，问他愿不愿意去做专职的教授，并负责这个项目。这个对他来说是非常有吸引力的，但有一个条件，如果做专职教授，就不能在外面兼职了，他自己开的公司要全部关掉或者卖给别人。一头是他很向往的斯坦福大学的专职教授，另一头是收入大幅度减少，他左右为难，下不了决心。如果你是他的朋友，他在这种很迷茫、很纠结，不知道怎么选择的时候来找你，你会给他什么样的建议呢？

我是从传统建筑行业转型做咨询和培训师的，大家都知道，做建筑每天都得守着工地，时时刻刻在线，不敢有一点侥幸。虽然收入还不错，可是没时间陪孩子、陪妻子、陪老人。这让我很痛苦，在痛苦还没结束的时候，疫情又暴发了，不是开不了工，就是工人进不了场，或者结不了款！工作曾经让我很崩溃！

这时我就思考，如果以后不确定性一直这么多我该怎么办呢？我积极地寻找出路，经过寻找发现了一个兴趣点——培训师。于是我立刻开始学习和实践，通过不断的学习，再不断地提升咨询和培训技能，逐渐转型，也收获了客户的好评。

这两个例子讲到如果你想要收获更快乐更有价值的工作是需要设计的，如何设计呢？

我的转型的成功，正是因为我在不知不觉中运用生成式接受的结果。生成式接受是一种设计思维，是接受当下的状况，然后通过设计活出更好的生活状态，收获更满意的工作。

接下来，我用一个小故事来说明何为生成式接受。2023年3月24号我去广州参加3月25日的培训。我很早就订了当天的机票，但是当天由于天气原因，大部分航班取消和延误了。这个时候我就处于一种极其矛盾的状态！

我是退掉机票，换成坐高铁出发呢，还是继续等待航空公司通知飞机起飞？如果广州一直下暴雨，飞机起降不了，继续等飞机的话，我的培训就会受影响。再三思考下，我决定选择放弃坐飞机，换成坐高铁向广州出发。

最后，我在25日凌晨3点多到达广州，赶上了25日早上9点开始的培训。

生成式接受就是先接受今天我遇到的一切，先不去评判好坏，然后再评估目前我身处的环境、当下可利用的资源，找到新的方向，并向着新方向大步前进。

如果你对自己目前的工作不是很满意，或对自己目前的状态很迷茫，可以找我聊聊，也许我可以告诉你怎么做。

刘俊丽

金融保险营销活动组织策划
重新设计你的工作授权讲师
DISC授权讲师项目A10期毕业生

16年探索，我终于找到职业归属

2023年，是我职场生涯的第16年，我的职业生涯来到了一个重要的转折点。

长达16年的岗位探寻终于尘埃落定，我找到了我的职业归属。

回想这16年来，从业务一线到培训专岗，从工作圈到学习圈，从纠结到不断挖潜式、生成式接受，我经历三次岗位变化、三次心路跃迁。

我从一个不断找寻"想做什么，能做什么，会做什么"的职场岗位探寻者，成长为自己行还能让别人行，重新定义个人成长,岗位能力到综合能力一路跃升,不断在现有岗位上迭代和升级的职场工作享受者。

第一次转变:不仅自己行,还能让别人行

一个每天时间自由、轻松自在、收入不封顶的绩优业务员,竟然转岗去做朝九晚五、压力巨大、收入稳但少的工作,背后到底发生了什么?

你见过这样的人吗?在业务一线的工作练得熟了,就会得心应手。每天打 10 个电话,约 3 个客户,就能成交 1 个客户,一周就可以完成全月任务,每周都有不错的产出,每月都能拿到非常可观的收入。更加神奇的是还能形成递进式良性循环,成交率越来越高,签单价越来越高,收入也越来越高。

我就是那个人。当时,我在业务岗位已经 6 年了,基本达到了递进式良性循环的状态,经常接到分享销售经验的邀请。有一天,一位培训前辈对我说:"你做得很好,讲得更好,真的很适合做讲师。"于是我开始思考"自己行,能不能让别人也行"?后来我知道,这是我对自己岗位的第一次重新定义。

于是,我申请换岗,从一名渠道讲师做起。然而现实并不像我想的那么容易。为客户讲和讲课不一样,在台上侃侃而谈分享成功经验和讲课也不一样。讲课需要更全面的知识体系,更专业

的知识储备,更丰富的认知背书,甚至需要语音语调、肢体动作、表情等演讲技巧。这些我都没有。

怎么办?继续还是回头?放弃还是坚持?

开弓没有回头箭,我放下包袱,不懂就学,不行就练,听录音、看录像、抠细节、纠动作。半年后,越来越多的人开始邀请我主讲客户活动,甚至有些联合渠道举办的重要培训也邀请我做主讲老师。我得到了学员、客户和渠道的认可,舞台更大、收入更高,更重要的是我拥有了新的技能,把我的销售技术,通过一个个课程不断传播开来,在讲台上也更加得心应手。

经过这一次换岗,我重新认识了自己——我是一个有着丰富实战经验的新晋讲师,正在往资深讲师的道路上不断跃进。经过梳理,我发现自己这次的转变源于跳出了"追求舒服的工作,经营和享受舒适圈就很好"这样的思维误区,重新定义岗位,做"自己行,让别人也行"的工作,自己会更行,成就感更高!

第二次转变:从岗位能力到综合能力跃升

一个保险公司的专业讲师,每天都在学习输出,每个月都有公司免费培训,为什么还会每年花10多万元去圈外学习?

疫情三年,我自费参加了很多培训。加入了DISC+社群,得到了DISC讲师授权,参加了实践家财富海洋人生罗盘全球首发培训班,加入了海洋团队,学习表达学院"表达力"和"说服力"课程,学习国际知名课程"MONEY&YOU",成为实践家国际讲师……我用圈外学到的DISC四种解决方案,组织策划完善渠道项目活动,以目标(D)、联动(I)、辅助(S)、内容(C),推动市场销售运作,常做常新,助力业务大力提升;用财富海洋人生罗盘,升级亲子财商活动,丰富青少年财商教育内容,助力亲子财商教育;用圈外学习的培训运作体系,运作客户沙龙活动,获得甲方和政府有关部门高度认可。

职位有天花板,但能力没有。参加公司的培训,内容主要围绕工作,目的是学会专业技能,胜任工作;参加圈外的培训,内容主要围绕综合能力提升,目的是获得更多技能,让自己更优秀,不仅能提高认知,提升眼界,拓宽人脉,还能让自己在专业领域更加精进,授课技能更全面,思维能力更活跃,策划组织能力更周全。我坚信更多技能助力更好地完成工作。

从工作圈到学习圈,我的岗位能力和综合能力获得提升,正是因为我跳出了"升职无望,安心做好现在的工作就好"的思维误区,重新定义自己,努力成为一个抓住一切成长机会,获取更多技能,让自己的人生更丰富多彩的人。

第三次转变:生成式接受,在热爱的岗位上迭代升级

你有没有过这样的想法?在一个岗位上工作的时间长了,总

想尝试其他岗位，或者对某一个岗位垂涎已久，想要哪天一登宝座。

如果那一天机会来临，你会不会毫不迟疑地选择这个岗位吗？而且不管多困难都会坚守住这个岗位，毫不动摇？

我也抵挡不住梦寐以求的岗位的诱惑，但是在尝试后发现自己并不擅长渠道关系的沟通，也无法兼顾业务队伍的建设，也因此确认了自己更愿意钻研一个课程，从事创新和推广活动，更喜欢站在讲台上那个滔滔不绝、挥洒自如的自己。于是，我毅然决然地选择回归培训。

谁说培训不能直接出产能？我所在的部门，一直为此孜孜不倦地追求，并取得了亮眼的成绩。几个各有所长、追求卓越的培训同路人在一起打配合、做组合，取长补短，互相支持，携手并进，打磨精品课程，壮大讲师队伍，推广"营销赋能"，一月又一月地精益求精，一次又一次刷新业绩。认定自己的热爱，并坚守它，一定会遇到更优秀的自己。

我的经验证明：顺势而为，生成式接受，走出"换工作才能有更好的发展"的思维误区，坚守我的热爱，重新定义工作，深耕专业，扩大影响圈，同样可以拥有广阔的发展空间。

走出误区，重新定义，改变从我开始。

吴春生

企业教练
重新设计你的工作授权讲师
DISC国际双证班F67期毕业生

顺势而为——重新设计工作的起点

你在工作中有这些问题吗?

工作在生活中占很大的部分,工作好不好,直接影响着我们生活的幸福感。提到"工作"这个词时,你的感觉是什么呢?

在相当长的一段时间里,我的感觉是无趣、厌烦、看不到希望。离开工作了18年的医疗行业后,我选择自己创业,成为自由职业者,机缘巧合之下,于2014年开始从事创业培训和企业咨询工作。在将近10年的时间里,我接触过大量的创业者和职场精英,发现对于工作,他们同样会遇到各种不顺心。

有的因为工作的难度突然增加,或者企业遇到了暂时无法克服的瓶颈而无所适从;有的因为团队内糟糕的文化,感觉被排挤而郁郁寡欢;有的不喜欢工作氛围,感觉枯燥单调辞去了工作;有的觉得当前的工作没有意义,失去了工作的动力和人生奋斗的方向。

当遇到这些问题时,该如何做呢?那就要重新设计工作了。

从来没有什么"逆袭",有的只是顺势而为

2013年,我离开工作了18年的医疗行业,最直接的原因是我产生了严重的职业倦怠。离职后,我进入了一个全新的行业:做家庭教育和心理咨询。抱着对自由职业的向往和对心理学的热爱,我开办了自己的工作室。

在刚创业的两年里,我在电视台做的专题节目创下了当时地方教育电视台收视率的新高;帮助过多个因亲子关系紧张而导致孩子辍学的家庭,使其重新回到正常的轨道;有成就感,也体验到了自由职业者的艰辛;在看似风光的工作背后,是入不敷出的经济困境。

每月的业务收入,不够付人员工资、房租、活动费用、我的学习费用,特别是我的学习费用很高。做心理咨询和服务,需要大量的学习,我自己也很享受学习和成长的快乐,但我要面对的

现实是日渐干瘪的钱包。最初的理想，与生存的现实出现了巨大的落差。是继续坚持，还是转换赛道？我犹豫了很久，也不断地在找出路。

《创业维艰》的作者写道"创业，是比难还要难的事"，我已经深刻地体会到了。

2014年，在朋友的推荐下，我参加了中国创业培训SYB（创办你的企业）讲师培训。这个无意之举，却种下了后来新的职业发展的种子。

自己创业需要专业技能，我把它称为硬本领。经过10年的成长，我的专业方面已经足够服务顾客了。但创业者还要有软能力。对于每位创业者，创业的能力都是不可缺少的，也是最缺乏的。少了对创业的元认知，创业相关技能不足，导致我在创业之初，走了很多弯路，因而多交了几十万元的学费。

取得创业培训讲师证书后，我对于创业培训和创业教育有了更深的理解，也乐于在课堂上和潜在创业者及已经创业的学员分享经验，传授知识，帮助他们理性创业，降低创业风险。在这个过程中我也体验到了巨大的价值感和自豪感。从2014年到2023年，我培训过的学员超过5000人，总课程超过70000小时，最多的时候，一年要上200多天课。2019年，经过省级推荐，我通过了人社部组织的全国SYB培训讲师选拔和培训，在年底正式成为中国创业培训SYB培训师。从2019年起至今，我接受培训派遣，到 20 多个省市执行 SYB 讲师的培训任务。

转换职业赛道后，视野也逐渐开阔了。2018 年 9 月，我参加了李海峰老师在上海举办的 DISC 国际双证班 F67 期，打开了我个人发展的另一扇窗。跟随 DISC＋社群的学长学姐们，不断地学习交流，在结识高质量人脉的同时，也学习到了社群运营的经验。2020 年 4 月，我发起了国内第一个 SYB 新晋讲师训练营，为全国的创业培训讲师提供线上的能力提升服务。现在，我们的学员已经覆盖了国内港澳以外的省份，其中 5 位参加过训练营的老师在第三届全国创业培训讲师大赛中进入前 10，并在 2023 年成为国家级培训师。

在社群的各种实践与学习，也帮助我提升了企业咨询和培训的能力。我做过 100 多场 DISC 相关主题培训，获得了客户的高度好评。我也被聘为多所高校的创新创业导师，多家企业的咨询顾问，以及创业者、企业高管的私人顾问。

人生不是没有可能，而是缺少对人生的设计

我的职业生涯的发展，经历过 3 种状态：

一是压迫性接受。在离开医疗行业前，我在一家医院工作，不能改变现状的无力感，让我麻木。因为工资还可以，我曾打算就赖在这里，等到退休算了。

二是抑制性接受。刚开始创业，进入培训行业时，我觉得只要努力，只要坚持，我一定能改变现状。

三是生成式接受。我完全接受自己现在的状态，我不做任何评判，顺势而为。通过自我评估，我对自己的优劣势做了认真的思考，明确了我现在是一个什么样的人、我现在能做什么。我不再找借口，也不再抱怨，而是真正地接受自己的现状，调整职业发展方向，选择不同于之前的工作。

生成式接受是一种创新的思考方式。它能让我们不再墨守成规，避免不撞南墙不回头的固执。生成式接受是完全地接受自己，只有接受了现在的自己，才能接纳别人对你的看法和评价；只有接受了现在的自己，才能让自己从工作中解放出来；只有接受了现在的自己，才能让生活变得更美好。

每个人都需要一个导航员

人生，就像是一艘船，但没有海图，所以，每个人都需要一个导航员，帮助你找到人生的方向。工作像船上的发动机，给你的人生提供资源和动力，是你幸福的来源之一。

当你对工作产生各种负面的感觉时，需要有人帮助你梳理和诊断，重新设计你的工作。

只要你愿意，在你需要的时候，风里雨里，我等你！

第三章
能量地图

⚡ 能量地图

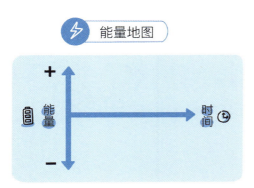

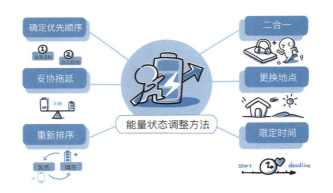

更多设计人生视频资料，设计工作课程资料，请扫码

你总是感觉时间不够用吗？

你感觉提不起精神，或者很疲惫？

你感觉自己的工作没有意义，但也不知道自己喜欢什么工作？

……

Bill Burnett 的《人生设计课》一书介绍了能量地图这一重要工具。它能帮助我们重构思维：你不能创造更多时间，但你可以选择体验更有能量的人生。前面这些问题都可以通过能量地图进行解决。

能量地图是一种有助于我们发现自己内在驱动力和目标的工具，通过制作能量地图，我们可以从微观层面去设计生活，能清晰地认识自己的价值观、爱好、才能以及我们想要追求的事情。通过这些认识，我们可以更有效地规划我们的人生，并使其更加充实、有意义。

我们可以找出生活工作中那些没有达到预期效果的事情，并做出改变计划，小幅度地改变。

大家可以仔细回忆一下，我们记得最清楚的，总是那些我们最关注、倾注了大量思维和注意力的事情，所以，为什么不试试把我们的注意力从那些我们总是拖延或者无法完成的事情上，转移到那些我们花费了大量的精力和时间的事情上。这是一种全新的视角，能够让我们每周的工作产生很大的变化。

在本章中，我们将更加详细地通过案例示范，帮助你更好地掌握能量地图的运用，包含教师教学中的运用、咨询师对案主的引领，以及著名互联网企业团队跨度三年的能量管理等。

我们相信，无论是选择职业、规划未来，还是增强自我认知，能量地图都可以成为有力的工具，引导你走向更加充实、更加快乐的人生之路。

曾瀛葶

世界500强公司销售总监
重新设计你的工作授权讲师
DISC国际双证班F88期毕业生

能量地图解救"996卷王之王"

思维误区：不经刮骨之痛，别想走出困境。

重新定义：微小地调整，就可以乐享生活。

何其有幸，我一直奋斗在前沿科技行业，用科技使人们的生活更美好，非常有成就感。同时也一直战战兢兢，这个行业"996"是常态，号称猝死率最高，而且这两年愈演愈烈。2013年，我在自媒体平台上写下："我对这鸡飞狗跳的生活的最大妥协——晚睡。"2018年，我加上了晚睡和少睡。2022年，我只能提问，难道不睡？

在企业高层人士中，一直流传着一句话：职场金字塔拼到最后，学历经验都差不多，拼的就是精力。我非常敬佩我之前工作过的一家公司的一位女性总裁，她白天开会，晚上参加饭局，凌晨跨时差参加会议，早上4点照样起来练瑜伽，6点坐火车出差。总裁只有一个，无法超越，那么留给普通职场人的宿命就只能是瑟瑟发抖地煎熬吗？

带着这个疑问，我体验了 Bill Burnett 在设计人生系列中提出的能量地图工具。一看就会，一用就好，大有相见恨晚之感！接下来，我将与你分享自己的体验，希望你和我一样，从这套工具中，收获美好提升——活儿还是那么多，却不再是同样的活儿，给你不一样的活法！

第一步，列出自己日常最重要的常规活动。

我需要列出每周我都要重复做的、占用我时间和影响我能量最多的几件事情，通常为 6～8 件。说易行难，认真做起来，这一步就不容易了。我先是将所有的事务罗列出来，一共 15 件，这显然太多了。于是我删除了在两周内不会重复出现的事情，只剩下 10 件。我将这些事情按照生命角色分为关于工作、成长和母亲的三部分，于是终于精简到 7 件。

第一部分是与工作相关的事情，主要是参加公司会议、书面工作、商务会谈。

公司会议，是指公司的内部会议。书面工作，包含处理邮件、完成工作流程、准备汇报材料、撰写方案等。商务会谈，是指与客户以及外部合作伙伴见面或进行远程协商的商务交流。

第二部分是每周必做的自我成长事项，主要是阅读和学习型社交。

每晚睡前半小时和周末固定半天时间，是我的阅读时间。阅读的内容林林总总，有时是专业书或喜欢的书，有时是关注领域的文章或新闻推送，有时是关注的 KOL 的微博、公众号等。

另外，我观察到我每周再忙，都会参加或者安排和同道友人的社交活动。有行业内的老领导、旧同事，有辗转结交的业内优秀人士，有拓展的行业协会圈子内的友人，有各行各业的达人，如创业的、理财的、育儿的、形象设计的、户外的。形式多半是喝咖啡、一起吃饭，或者参加沙龙和社群聚会工作坊。

第三部分是作为母亲的事项。我需要把一部分时间用于亲子陪伴和做家务。

我的孩子上的寄宿制学校，虽然我每周只有周末才能见到她，但我把那些为了和孩子"周末见面"而准备的时光，也统统归类为亲子时光。比如，和老师家长们交流，浏览她的账号和关注，寻找她需要的学习资源，听她常听的歌，以及像她一样练习骑马、冲浪，持续向专家学习正面管教，等等。

其次就是做家务，不管有多少人帮忙，总有些家务是只有自己才能完成的。比如，收拾我的那些瓶瓶罐罐，整理一家人的换季衣服，尝试一些视频博主推荐的收纳大法，还有拆那些来自四面八方的快递，然后执掌"生杀大权"，退货或收货。

为方便整理，我给我的主要常规活动进行编号：A，公司会议；B，书面工作；C，商务会谈；D，阅读；E，学习型社交；F，亲子时光；G，家务。

第二步，区分出每个活动能量是增加还是减少，并填入能量表中。

列出自己投入精力最多、最日常的活动后，还需要做出客观真实的评估，区分每个活动的能量，是高还是低，或是处于中间位置。

如果能量不断增加，做的过程中或者活动结束后我都感觉愉悦，那么这就是一个能量增加的活动。如果做的过程中，我的注意力不集中，消耗了大量能量，让我产生疲惫感或者感到低落，这就是一个减少能量的活动。如果这个活动能提供非凡能量，可以将它标注为心流活动——一个令人完全沉浸、高度赋能，甚至会忘记时间的活动。

我仔细回忆我在做这7件事时的感受和能量。

A，公司会议：能量有高有低。当我和一些顶尖的IT专家或者自动驾驶专家一同讨论如何帮助客户实现需求的技术和商务方案时，我会很投入。当我参与人员发展会议，讨论团队状况和如何更好促进员工发展时，我会很积极。但是，一些不得不开的会议，比如讨论流程的会议，以及冗长却无实质改观和行动的会议，都让我疲惫、烦躁，能量明显地减少。

B，书面工作：做决策回复，撰写方案以提炼思路，阅读别人的建议，都能够使我专注思考、大脑活跃，让我的能量增加。

C，商务会谈：让我惊讶的是，商务会谈过程或顺利或艰难，会谈对象或陌生或熟识，我几乎都不知道疲惫，都能够凝心聚力，甚至兴奋享受商务会谈。这个活动应该是我的能量增加项。

D，阅读：让我很诧异的是，阅读内容都是我自己挑选的，明明也是我最感兴趣的，而事实却是，我在阅读的时候能量减少。

E，学习型社交：这些谈笑有鸿儒的活动总是让我愉悦，让我愿意分享，愿意买单，愿意不远千里前去参加，我的能量肯定是增加的。

F，亲子时光：我非常享受我的亲子关系，高质量的交流示范和参与，免去了穿衣吃饭的摩擦，让我在亲子时光中非常享受。这是一个能量增加项。

G，家务：我一边大包大揽，不让别人接管那些特定家务，一边在做的时候又责怪家人乱拿乱放，自己还腰酸背痛，减少大量能量。

综上，我的能量图应该是，能量增加的一共有4个，B（书面工作），C（商务会谈），E（学习型社交），F（亲子时光），能量减少的有2个，D（阅读）和G（家务），还有1个处于中间位置的 A（公司会议）。

第三步，觉察自己的能量表。

在我主要的 7 个活动中，有 4 个使我能量增加，2 个使我能量减少，还有 1 个是时增时减，其中 C（商务会谈）和 E（学习型社交）经常让我产生心流。

心流是美国著名的心理学家米哈里·契克森米哈赖提出的，它是一种状态。在这种状态下，人们正在做某件事情时会非常地投入，并从中获得很多能量，废寝忘食。如果在做事时，经常处于心流状态，人们就会觉得事情很有意义。心流状态是需要寻找和觉察的。

第四步，找出相对容易的改变来改善自己的能量状态。

我审视我的能量地图，我非常困惑的是，阅读和有些会议每天都在发生，我明知道很重要，为什么在过程中，我的体验却这么糟糕？如何改变呢？

Bill Burnett 在介绍能量地图工具时一直强调，通过小幅度改变，来实现优化，而不是大幅度的重塑。

我借助 Bill Burnett 的启发，进行了一些调整。当我意识到有个会议内容会让我能量减少，我就会在这个会议前后，安排上我喜欢的商务会谈或方案撰写工作，以此来调节我的能量。

另外，我发现我在阅读中能量不增加反而减少的原因是我将它安排在了睡觉前。我一方面担心晚睡，另一方面又觉得应该阅读,这样的矛盾心理让我无法全情投入。于是,我将夜读换成了晨读。尝试了一段时间,效果非常好,甚至产生了心流,让我不得不设闹钟来提醒自己别超时。

最终,我的能量地图就调整成了六增一减。除了家务一项,其他都是能量增加项。当每天大部分的事情都能让我的能量增加,那日子该是多么惬意、愉悦呢!

通过我的亲身体验,相信你已经开始对能量地图的魔力有所了解。我非常感谢和推崇设计人生的这个能量地图工具。所谓大道至简,利用能量地图仅仅进行一些非常简单的调整,就能轻轻松松提升能量,改变生活和工作的状态。你也来尝试一下吧!没错,它就是这么简单,就是这么有效!

董立静

北京电信区分公司部门总监
重新设计你的工作授权讲师
DISC授权讲师项目A19期毕业生

基层管理者的自我觉察与思考

我是一名国企基层党支部的书记，是一个基层部门的负责人，至今已经工作了15年，担任基层部门的负责人已经10余年。我大学本科毕业就参加工作，工作期间攻读了MBA。

在外人看来，我当下的情况算是不错，作为国企基层领导，工作稳定，收入有保障，因为对工作认真负责重实效，干得也还算能够让周围的人满意！但是结合DISC性格特质分析，我是C、D、S型，我喜欢思考，也喜欢反观自己进行自省。

我曾问自己一个问题：你的40岁会是什么状态，周围会有哪些人，工作会是怎么样的？这个问题从35岁开始一直盘旋在我的心里，直到37岁，我终于在加入DISC＋社群之后，在学习了重新设计你的工作之后,有了更加清晰的答案。

我对现在的工作进行生成式接受,积蓄能量与储备能力,将我喜欢的事情融入到工作中,增加工作的乐趣与成就感。我把我的学习、优化与调整应用到工作中,用理论推动实践,帮助我的部门运营得更好!我通过积累实现通用性的外部输出!我帮我的部门对接外部资源,进行专业赋能!重新设计我的工作后,我和我所处的平台相互促进,螺旋式上升!这就是共赢吧!

这也是 2023 年我的主要收获!我想明白了自己的路,同时也找到了同路人!

方向明确、路径清晰很重要,执行过程中,保持住状态也很重要!学习重新设计你的工作之前,我也会注意调节自己的状态,但往往是不及时和片面的。当接触到能量地图时,我拍手称赞:"太好了,这就是我需要的!"能量地图能够帮助我更好、更及时地全面察觉与调整自己的状态!我们一起来看一看能量地图对我的帮助吧!

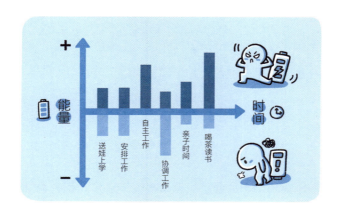

我将近两周的基本工作、生活安排列出来,并在能量地图上进行标注,然后仔细观察和体会,我问自己两个问题:

心流在哪儿?

消耗能量的事项是否可以优化呢?

于是就有了如下的改变:

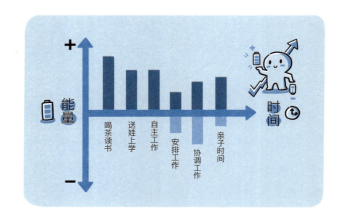

调整顺序!工作上的事项,在可自由安排的日程里,先把自主工作事项优先处理,穿插进行安排工作和协调工作。

优化事项!早晨准备女儿上学的事宜,特别慌乱,于是决定提前半个小时起床。为了保障早起,必须早睡,那把夜读调整为晨读,把提前半小时起床优化为提前一个半小时起床。夜读喝茶调整到了晨读喝茶,效果显著!夜读喝茶虽然能够产生心流,但是影响睡眠,第二天会困乏。调整为晨读以后,精神焕发,读书学习的心流依然在,还能从容地准备女儿上学的事宜。一切变得更加美好，能量满满地开启一天的工作与生活！

调整空间！协调性质的工作，相对较为耗神，且无可避免，于是我在协调工作的过程中加入了我喜欢的元素。沟通前，我会给自己准备一杯我喜欢的茶或者咖啡。沟通地点尽量不要在我的办公室，更换为有圆桌的会议室，降低对彼此的压迫感。

能量地图的进一步思考

在时间和精力允许的情况下，可以尝试增加能量的事项。

我喜欢锻炼身体，于是我做了两个调整：一是在天气允许的情况下，骑自行车回家，骑车回家途中还可以听书；二是在周末坚持跑步，周末两天每天跑5公里。

你也可以试试，有没有自己喜欢但迟迟没有进行的事项，不管多么微小，行动起来吧！如果目标过于庞大，或是过于复杂，将其拆解开来，先完成一个个小目标，持续小赢，可以获得大胜！加油！

跨越在能量正负值之间的事项。如果该事项很重要，可以进一步分析，找到根源；调整优化，提高该事项中的积极因素，降低消极因素。

我爱我的宝贝闺女！我们的亲子关系是不是该"好上加好"呢？毕竟还是有负能量因素存在的。我的女儿上小学一年级，每天能够自觉把老师布置的作业写完，能够自主学习完成其他补充"作业"，有良好的学习习惯；是我的贴心小棉袄，经常能够说出充满爱的话语，经常给我拥抱。乖巧、懂事！这么好的小闺女，为什么我们的亲子关系中会有负能量呢？深刻反思后，我发现原因在我！我对于小闺女的英语学习执念太强了，希望她能够按时完成英语作业，希望她能够专心致志，希望她能够得高分。但英语现在学得差一点又怎么样，才小学一年级呀！不按时完成作业，拖延一下，只要作业完成了就好！有的学习需要连续专注 15 分钟，甚至 20 分钟以上，有分心也很正常！我豁然开朗，放下纠结的事项，亲子关系更上一层楼！

我个人使用能量地图，内观并持续迭代自己的状态，更好地觉察自己，甚至把能量地图作为做决定的时候的一个重要考量因素。某件事面临需要选择做还是不做的时候，这件事在能量地图上的正负能量情况就会是很重要的参考因素。对于团队管理、与员工谈心谈话，我也会在需要的时候应用能量地图，推进员工状态的调整与优化。

能量地图可以进行迭代，以充分应对即将进行的重新设计工作环节，它帮大家持续搞清楚：自己到底要什么，现在可以做什么，进而设计出有意义、快乐的工作和人生！

高高

突破式沟通授权讲师
重新设计你的工作授权讲师
DISC国际双证班F77期毕业生

亲爱的，这里没有别人
——职场妈妈的能量平衡观

思维误区：我要做工作中的女强人、生活中的掌舵者，被人羡慕和崇拜，各方面都追求完美的职场妈妈。

重新定义：不做完美的别人，只做愉悦的自己；工作和生活的能量是可以调适的。

疫情期间，发生太多事情。我积极响应国家号召生了二孩，我以为一切会无比完美，一儿一女凑成"好"字，谁知生活才真正向我开炮，高龄产妇、二孩妈妈、中年职场女性，各种标签迎面扑来。在月子期间，我就在探索，我要如何才能成为一个自由职业者，一边陪伴孩子一边兼顾我的职业梦想呢？我焦虑又无助，但又不想把这些压力传递给另一半和家人，可我的情绪影响着他们。

思维误区：领导决定你的工作状态。

重新定义：你的能量状态决定你的工作状态。

我休完产假，回到公司，发现自己的领导换了。在我眼里，我的新领导就是一个整天和你只纠结标点符号的"细节控"，没有决策力、没有专业度，没有任何值得我学习的地方。我不知道为何她做了我的领导，可能她也感受到了我对她的不认可，所以，她也没有对我委以重任，美其名曰："你刚生完孩子，要把精力多放在孩子身上，照顾好自己。"整天围着一个我认为没有任何优点的领导工作，我无比痛苦，我好像看不到自己的出路，觉得职业道路只退不进。工作不能带给我任何价值感，充满负能量，我第一次觉得，我的愿望——成为工作中的强者——不能实现了。

疫情之下，每个人都努力地拼搏着，我也坚持着，有一段时间，每天白天在公司面对着不喜欢的领导，艰难地推动着项目，晚上回到家继续第二工作——照顾两个孩子，给二宝哺乳，陪大宝写作业，因为晚上他们争着抢着要找妈妈，我也觉得应该多陪伴他们。也是那段时间，我第一次揍了大宝，从此他说我不够爱他。那一次，我哭了，我无比自责。每天保持着给个枕头就睡着的低电量模式，我感到我不能掌控生活，反而被生活牵制，我不再是一个完美的职场妈妈，忽然变成一个手忙脚乱的二孩职场妈妈。

思维误区：孩子一定要在父母身边，才能身心健康地长大。

重新定义：孩子要在能量状态好的父母身边，才会健康地成长。

我动过辞职的念头，然而当时就业环境不佳，老公的公司被拖欠工程款，还得面对公司每天营业的各项开支，我想他一定很难，自己这份工作，起码可以管好家里的一日三餐，支付孩子们的衣食起居和其他大大小小的生活开支。此外，我们还有几个老人要照顾。想到这些现实的压力，我只能打消辞职的念头。我和老公白手起家，无依无靠在南方打下的"小天地"——我们的这个家，我无比珍惜。

我一直给自己的标签是职场中很厉害的职场妈妈、老公的好帮手、父母的贴心小棉袄。加之，爱我的父亲离开后，我仿佛又扛起了很多的责任。说到这里，我忽然忘记了我自己，我要成为怎样的自己呢？我好像忽略了我要的快乐。

屋漏偏逢连夜雨，女儿一岁多后，有一天公公给我看他的嘴说，喝东西觉得漏出来了，我一看不妙！嘴角有点歪了。于是我立刻带着公公去了医院，幸好送得及时，公公有轻微的中风，就这样公公在医院住了差不多 20 天终于康复。那段时间，我穿梭于医院和家以及公司之间。幸亏公公最后康复了，如果公公倒下，加上婆婆的腰也不好，一旦有个闪失，我们该如何是好？

老公每天在外忙碌，为生活而奔波，家里的事只有我扛着。我要做一个坚强的妈妈，独立的女性，不向生活低头，可是压力接踵而至，公公康复后得回老家休养，请阿姨照顾孩子我们又不放心。那段时间，我的能量越来越低，有一天看到镜子中的自己，感觉不认识自己了，面黄肌瘦，不修边幅。那个清晨，我被自己吓到了。最后我们决定把女儿送回我老家一段时间，由我的亲人帮忙照顾。一直以来，我坚信孩子就应该由父母亲自养育，这样有助于保证孩子的心理健康。又一次，我不得不向生活低头，感觉被生活掌控了。后来，我们和女儿保持每天一次的视频沟通，看到电话那头的女儿被家人细心呵护着，我也慢慢恢复了能量。

那时候，我的确迷茫过，不知所措，怀疑自己。我感觉我的能量失衡了，职场妈妈们有没有过这样的时刻呢？你们曾经是否有过这样的呐喊：我该怎么办？

那时，我的人生和工作的颜色是灰暗的，没有生机和活力可言，生活中充满了焦虑和不解以及混沌感，于是我开始调整自己的能量。

我将自己生活、工作中经常做的一些事情用正负能量进行区分，并做到定期调整自己的能量状态。每当我觉察到能量低的时候，我就给自己画一张能量地图，在地图上将经常做的一些事情进行区分，然后从正能量板块中找到能让我产生心流的场景和事务，再扩大这块的投入。比如，在工作中，我喜欢做培训课件、跨部门协作的项目、招募人才的工作等，我就会去这些区域寻找机会点。后来我发现了三个可以进行的项目，这些项目足够我干上一年半载了，我把这些项目细分到每个季度、月度，然后做好项目跟进工作，并观察自己的能量状态。对于一些消耗我能量的板块，我就减少投入，避重就轻，比如我不喜欢的新领导，我尤其不喜欢向她汇报工作，那我就避免面对面向她汇报工作，而是通过邮件详细汇报，尽可能地降低我的能量消耗。生活中，同样的道理，比如和女儿每天的视频电话聊天；每周做一次美容；每天30分钟冥想；不喜欢做家务，我就找钟点工阿姨定期做卫生，这些都可以帮我迅速提升能量。

现在的我明显感觉能量提升了，我在新的一年中找到了工作的不同价值，第一季度就完成了一个项目，为公司节约了100万元的服务费用。在这个过程中，我又积累了可以复制的经验，我变得更加统观全局。我每个季度接几个职业咨询工作，成人达己，提升自己的能量；而且女儿也回到了我们身边，我感觉到无比的幸福。当我能量再变低的时候，我会再次调整，直到达到我想要的平衡状态。

我们不能向生活低头，但可以对生活温柔地点点头；作为职场妈妈，我们每天只有 24 小时，而我们不是八爪鱼，也没有三头六臂，我们不能不停地做事情，也不可能创造更多的时间，但是我们可以创造和体验更有能量的人生。

事实证明，采用科学的工具和方法，我们每个人的能量是完全可以调适的，工作和人生的幸福感也都是可以通过重新设计获得的。在这个过程中，请不再和自己较真，"亲爱的，这里没有别人"，把重心放回到自己。请相信：我好了，我的世界就好了，我也会吸引到更多美好的事物。

刘 静

中学高级教师
重新设计你的工作授权讲师
DISC授权讲师项目A8期毕业生

让最光辉的事业真的光辉灿烂

思维误区：教师的工作复杂、烦琐，且突发事件很多，需要花费很多精力和时间。尽管年计划、月计划、周计划、日计划都安排得井井有条，但时间总是不够用，经常感觉压力很大、疲于奔命。

重新定义：我们不可能创造更多的时间，如果管理时间也不能带来轻松愉悦，那么或许可以通过调整能量来设计更精彩的工作。

"教师是太阳底下最光辉的事业。"捷克教育家夸美纽斯的这句名言成了小程老师当初选报师范专业的主要原因——但是，等踏上工作岗位后，繁重的教学任务和层出不穷的学生问题，以及各类评估工作,加上来自多方面的压力和期望,常常让她感到束手无策,筋疲力尽。做人类灵魂的工程师,远比预想的艰难。

怎么办?离职转行,面对陌生的领域心中一片茫然;按部就班,在庸常中奔波劳碌,日渐消沉,又于心不甘!

导致不开心的是繁忙吗?

思维误区:因为每天都要处理各种问题,应对各种麻烦,事情太多,怎能不心烦意乱?

重新定义:我们所做的很多常规工作,或其他事情,并非都是在消耗能量或导致消沉情绪,繁忙和不开心并不能画等号,辨析自己的能量增减点很重要。

小程老师每天早上 6 点起床,晚上 11 点还不一定就寝。如果按一周来梳理,小程老师的日常确实被各种事情挤满:开车通勤,晨读课辅导,批改作业,备课上课,开各种会议,找部分学生针对性辅导,处理突发事件,跟家长通电话,晚课看学生自习,健身,读书,写随笔或绘制思维导图,做家务,写公众号推文……她真的就像她的网名"陀螺"一般夜以继日地不停旋转。那种在别人眼里辛苦的"996",在她眼里就是奢求!

所有事情都是她不喜欢的吗?显然不是。哪些事情是她喜欢的,能让她进入心流状态,废寝忘食而在所不惜的?哪些又是让她避之唯恐不及的呢？

小程老师认真把自己要做的常规活动和其他活动列了个清单，并按照自己的真实感受做了能量的增减标记：备课上课（增能），批改作业（有时增能，有时减能），开会（减能），读书、绘制思维导图（增能），做家务（增能），锻炼身体（增能），外出学习（增能），辅导学生（有时增能，有时减能），写书（有时增能，有时减能），写公众号推文（有时增能，有时减能）。

她发现，在上述清单中，备课上课、读书、绘制思维导图、做家务、锻炼身体、外出学习都是可以增加她的能量的；开会，她是有些抵触情绪的；批改作业、辅导学生、写书、写公众号推文，是时而增加能量，时而减少能量的。

那么，有什么规律呢？

是心态！小程老师发现，所有能让她能量满满的，都是她乐意为之的。"知之者不如好之者，好之者不如乐之者。"《论语》不予欺也。如果没有足够的意愿和动力来完成任务，加班加点就是在承受折磨，不苦才怪。

找到规律，更要找到背后的逻辑

思维误区：除了向先进个人和优秀模范学习，别无他法。

重新定义：接受自己的现状，找到能量增加和减少的规律，适合自己的才是最好的。

小程老师最喜欢向一些名师学习了，但是，技术层面的东西容易迁移，然而他们看待问题、处理问题的方式方法未必适合自己。比如，有的老师到处开讲座并不一直待在学校，他的学生可以把自己管理得好好的，根本无须他多费心，但她与学生是要朝夕相伴的，甚至她请假半天也要找别的老师照看。她要找到自己的节奏。

在梳理完自己的日常行为清单后，小程老师意外地发现许多人抱怨的备课上课竟是她的最爱。为什么？因为她性格外向，喜欢展示和分享，喜欢在教室里跟学生们一起探讨切磋，喜欢把自己的读书心得、旅游的见闻感受分享给学生。在她看来，老师就是学生的窗子和镜子，除了传道授业解惑外，能借自己的阅历帮学生开阔眼界、打开格局，为孩子提供更多的美好人生样本，特别有价值感和成就感。

她还发现，自己也喜欢做家务。这是跟家人互动和示爱的表现。她不喜欢开会，感觉很压抑、被动；辅导学生做作业的时候也很累，总遇到付出很多，不见起色的情况。

在梳理、澄清、反省的过程中，小程老师明显发觉以往自己是胡子眉毛一把抓，对自己工作的认识是有偏差的，虽不如理想的好，也不比感觉的差。

情绪是有力量的，当你能够心平气和地共情自己，让自己从烦琐中脱离出来，重新审视工作的价值和意义——就是在发现你自身的价值和意义，同时也在增加你的才干。

由接受到享受，化千头万绪为丰富多彩，就是背后的逻辑。

是该做减法了

思维误区：只有做得足够多，工作能力才能越来越强。

重新定义：练就好牙口，未必要啃硬骨头。平衡点才是最高点。

"这么多事你都能忙完，太能干了！"这曾是小程老师最乐意听到的话，是她累死也不愿撕掉的标签。

但是，人的精力和体力毕竟有限。过度的疲惫和压力，让小程老师的身体亮了红灯：慢性咽炎、甲状腺结节钙化、肺结节多发、颈椎骨质增生、腰椎间盘突出、滑膜炎……原以为这些都是即将退休的老教师们的健康问题。小程老师这才发现，自己并非全能，更不是孙悟空。

是该做减法了，不重要的、可以分摊出去的事，能合并的就合并，能推脱的就推脱。认为工作没有意义或是无法应对所有的工作任务，将导致自己失去对工作的动力和兴趣。能拒绝就拒绝，不能拒绝就重新定义。爱、娱乐、工作、健康每一方面都很重要。平衡点才是最高点。

不用换个赛道

思维误区：大多数人数十年如一日，都是这么干的，我也只能如此。要不，只能辞职。

重新定义：我的工作我做主，不必辞职也可以在工作中找到快乐和自由。

想都是问题，做才有答案。小程老师用如下方法，把调整能量作为参照，对自己的行为活动进行了调整。

二合一。把备课和写公众号推文二合一，动用复利思维，减少重复劳动。

更换地点。开会的地点可以从办公室改换到咖啡厅，利用峰终定律，从大家喜欢的话题说起，中间穿插任务布置，最后阶段以赞美结束，而不是重申任务。把任务发到工作群里，让大家自己看，不破坏场域。

将活动重新排序。根据峰终效应，最不喜欢的放在可以产生心流的两个事情中间。

重新确定优先级。把本职中最关键的事放在重要位置，在情绪好、能量足的时候，抓紧投入。

妥协和推迟。写书，根据自己的节奏，如果时间不宽裕，出版时间没有硬性要求，可以推迟到寒、暑假。

限定时间。开会不要没完没了，能十分钟解决就只开十分钟。

如此调整完，小程老师顿时觉得轻松愉快。工作确实是可以重新设计的！不用辞职也可以在现在的工作中找到快乐和自由。

教育无小事

未成年人是继往开来者，是我们的希望和未来，所以老师尤其不能对工作失去了信心和乐趣，更不能在平淡之中消极、懈怠。

如果随着时间的推移、困难的消磨，你的雄心没了，壮志消了，那就重新设计工作。调整好自己的能量，重拾雄心壮志，全身心投入教学，用满满的能量，感染和带动学生，成人达己，在工作中找到快乐、幸福和自由。

让这太阳底下最光辉的事业真的光辉灿烂！

唐 微

美相学协会主理人
重新设计你的工作授权讲师
DISC国际双证班F71期毕业生

能量起来，能力释放

思维误区：我天生能量低。

重新定义：只要激活自己内在的能量源，每个人都可以有自己的高能量。

心理学教授大卫·霍金斯说过："一个正能量的人，他的磁场会带动万事万物变得有序和美好。"能量是人由内至外散发的，它隐藏于人的肉体之中，呈现于人的面部仪态、言行举止。它与人的高矮胖瘦、性格特质无关，更多的是精神状态及个人的内在价值的体现。它既抽象又具体，每个人的一颦一笑、一言一行都带有自己的能量。生活中，每个人都是一个能量体，人与人的交往，本质也是能量的流动互换。能量有正负之分，当人们在正能量状态下工作和生活，往往都会顺风顺水、事半功倍；而双方如果都在负能量状态下谈事，往往会词不达意，甚至会出现剑拔弩张的双输局面。

一个人能量的高低在一定程度上左右着这个人阶段性的运程，正能量状态能时时给自己加分，帮助自己吸引更美好的"人"和"事"。有人会说，我天生能量低，我也没办法。每个人内心都有能量源泉，有些人内在的能量不断累积且源源不断地向外释放，有些人的能量被阻挡或被转化成了负能量。

于平凡中，寻找能量的源泉——认真的人最美丽

思维误区：工作完全不喜欢，看不到希望。

重新定义：每一种生活、每一项工作都有它的价值和意义，匹配到自我需求就可激发内心的能量源泉。

经常在网络上看到的一句话说，认真的人最美丽！比如说清晨6点，热情招呼客人的早餐店老板娘；比如通勤的地铁上，那些争分夺秒书不离手的上班人……看到他们的那一刻，我们内心会有震撼，那正是认真生活的人所散发出的正能量。职场中，一个员工上班状态怎么样，一眼就能看出来，虽然不能说100%准确，但基本上不会差太远。这是因为他们所散发出的能量已经在

释放信号了。可是，有人会说：我的工作我完全不喜欢，也看不到希望，想正能量都很难。如何在不喜欢的工作岗位上激发自己的正能量？

小A（大学毕业第一份工作，入职半个月后由培训岗调为预算员岗）大学毕业后，在众多的工作中选择了自己喜欢的培训部的讲师岗，可是，入职不到半个月，部门的预算员突然提出离职，领导直接指定小A去做预算员。小A是一个天生对钱、对数字很不敏感的人，在大学里排除万难，没有选家里人要求的会计专业。好不容易应聘上的讲师岗没缘由地被换成了预算员岗，预算员的日常工作有报账、接待、处理领导临时安排的各种事情，这几乎没有一项是小A喜欢的。

小A硬着头皮接下了预算员的工作。认真仔细地学习着预算员岗位的各项工作，两三个月工作熟悉了以后，小A主动申请承担一些部门里的培训工作事项。一年下来，小A既把部门预算员的工作做好了，还做了自己喜欢的培训工作，为自己后期调岗做培训讲师打下了基础。最关键的是，本职以外的工作即是小A的能量点，也是职场中的加分点，让小A较快地得到了领导的认可。

如果小A长期做她不喜欢也不认可的预算员，她的内在能量可能会越来越低。但是小A在做不喜欢的预算工作的同时，给了自己希望并付诸行动，这会让内心的潜在能量得到激发。

在兴趣点上延伸——心之所向，心想事成

思维误区：不能做自己喜欢的工作，就随意应付式完成。

重新定义：我们可以在自己的岗位上，主动延伸出自己喜欢的工作事项。

作为一名在职场打拼了 15 年，历经一个行业多个部门和岗位的职场人，我最大的体会就是大部分岗位，只要我们足够细致、主动地去发现，都有契合我们的爱好、启动我们能量的工作事项。我曾经做过工作烦琐的客服后台，后台工作中有一项是要做 PPT，我就深入学习制作；因为 PPT 做得精美且也有些文字功底，我牵头做了部门的《客服期刊》，最后也顺利成为公司《运营期刊》总编。总之，在自己热爱的工作事项上发力，我们会能量满满、收获满满。

如果你想要大部分时间做自己热爱的工作，那也很简单，主动在你感兴趣的工作事项上下足工夫，哪怕目前那只是你的延伸工作或者额外的工作项目。当你投入其中去钻研时，你就在向你周围所有的人释放能量和信号，以后这类工作，大家会第一时间想到你。相信我，把热爱且擅长的事情做到极致，给自己一些时间，你自然就会得到想要的结果。

工作以外寻找热爱——你的能量超乎你想象

思维误区：我只能做这一份工作。

重新定义：工作之外，在时间和精力允许的情况下，也可以尝试自己喜欢的事项。

生活中，很多东西是我们不能改变的。但是我们自己的人生，是可以按我们喜欢的模样设计的，是可以不断探索出更多可能性的。我们遇到瓶颈或困惑的时候，也是生活或工作在以另一种形式告诉我们，该换方向或者重新寻找了。我也一样，生活中的一些不确定的因素让我很早就开始尝试在自己的特质里找确定性，用自己擅长和热爱的创造收入。

十年前，我普通且内心极其自卑，为如何才能过上更好的生活做了各种尝试。工作上不敢懈怠，工作之外，我又想多一份收入。最开始是做纹绣师，无论是设计审美还是专注度，都适合我追求完美又耐得住烦的性子。

回忆一下，你有没有在做某项工作或者某件事的时候，完全地沉醉其中，以至于废寝忘食？如果有，那大致就是你的能量峰值，也是你的热爱和心流所在。于我来说，我的心流事项都是专业性强且专注度高的事项。所以，这些年，无论在工作上，还是在美业上，我选择的都是和心流相匹配的"技术型"事项。在我的能量地图中，周末两天都是高能量，切换时空的生活和对美的追求让我非常享受在工作室帮客户操作项目的时光，旁人看起来极其无趣的描摹勾画，却让我发自内心地自在和喜悦。

细节调整，能量反转

思维误区：有些工作项目看着就头疼，能量直线下降。

重新定义：拆解工作，有可能你不是不喜欢你的工作，而只是不喜欢工作中的某个部分，只要做局部调整就会有惊喜的变化。

我最近一次在做能量地图时，发现其中有一项"客户沟通"是我这段时间以来能量最低的事项。乍一看这非常反常，美业是我非常热爱和擅长的事情，而且我的客户都很信任我，其中大部分也成了我很熟悉的朋友。但是我的能量地图里，和客户们线上沟通能量值非常低。仔细分析后，我找到了原因：我经常回复不及时，这无形中让我有愧疚；工作日我只能接少量的单，内心更希望大家少约我；很熟的朋友的一些需求，我不太好拒绝，但是一旦答应，自己原本的计划就会被打乱。

意识到问题以后，我想出了三个调整办法：每天晚上预留半个小时专门处理信息；提前告知客户朋友，白天有可能因为忙不能及时回复消息，晚上会统一回复；对于紧急又没时间的单直接安排给工作室其他伙伴。这样调整后，果然，我在这块的能量升上去了，和大家的沟通也更加愉悦了。

能量地图与当下目标结合

思维误区：我把全部的时间和精力都用来做自己喜欢的事情，能量就会高。

重新定义：基于当下生活目标，尽量做到"爱乐工健"平衡，能量更能长久持续。

有一段时间，我每天都是晚上 10 点以后回家，虽然都是做高能量且热爱的事情，但是持续了一段时间后，我发现自己的能量值降低了。后来，我在设计人生的"爱乐工健"仪表盘里找到了答案。

每个人都有自己的目标和追求，具体到一个阶段或者每一天。"爱乐工健"仪表盘主要事项有：爱、娱乐、工作、健康。每个人不同阶段这四个项目的比重会有大小，但整体的投入需要和当下阶段我们的目标基本协调，能量才能持久。当下目标一旦失衡，能量也就随之失衡，所以，在任何时候，结合自己当下的目标，尽量做到爱、娱乐、工作、健康这四个项目的平衡，我们的能量才更持久。

结 束 语

荀子曾说:"蓬生麻中,不扶自直;白沙在涅,与之俱黑。"能量高的人会悄无声息地滋养身边的人,给身边的人带来希望和力量。吸引力法则表明,我们所招引的人事物都是被我们自身的能量和磁场吸引过来的。

知乎上有则提问:你最喜欢和什么样的人相处?高赞回答是:似清风,如暖阳,拂你衣上风尘,让你心生力量。愿我们都做高能量的人,源源不断地迸发向上的力量,滋养他人的同时,也不断滋养自己。

吴智才

CIP行动学习研究院院长
重新设计你的工作授权讲师
DISC国际双证班F79期毕业生

用能量地图回顾过去和展望未来——阿里巴巴三年成人礼（三年醇）工作坊

2017年8月，我有幸接到阿里巴巴华东区邀请担任"三年成人礼"活动的促动师（Facilitator）。阿里巴巴把员工的成长比喻成酿酒，逐步演化成对员工入职年限的一种纪念，被称为"一年香、三年醇、五年陈"。

"一年香"所表达的是"认同"。"一年坛发，酒香四溢"，入职满一年的员工对于阿里巴巴的文化表示认同，认同了，就能留下来。"一年香"会获得一枚笑脸勾勒出的徽章，象征着对他能开开心心一起长长久久地走下去的美好祝愿。

"三年醇"所表达的是"融入",入职三年的员工,被称为"三年醇","由内而外,酒香醇厚",在阿里巴巴工作三年的员工,不但认同阿里巴巴的文化,更是融入了阿里巴巴的文化。在阿里巴巴有一句话叫:融入阿里,三年成人。"三年醇"会获得一枚白玉雕琢而成的吊坠,形若阿里十周年过江接力的"阿里真棒",凝聚着阿里人的精气神。

"五年陈"所表达的是"传承",入职满五年的员工,被称为"五年陈","内置外化,沉醉他人"。阿里巴巴的文化已深入他们的骨髓,现在要做的就是去传承,感染新人。"五年陈"会获得一枚私人定制的戒指。

这么多年来,阿里巴巴为什么要坚持给员工办这样的一场仪式呢?马云曾说过:"一家企业文化最大的挑战是,什么是你们的共同目标。阿里是一家使命驱动的公司,我们的共同目标就是我们的使命、愿景、价值观。文化是我们的DNA,而文化的背后就是我们的人,这些人是阿里的精神、灵魂和文化的象征。"

在活动开始前,我分别和阿里巴巴华东区不同层级负责人进行了几轮沟通,了解到他们对此次工作坊的期待是让员工回顾过去三年发生了哪些关键事件以及思考事件的能量高点和能量低点,从个人自我觉察到分组探索群体认知,希望员工们找到生活、工作中那些没有达到预期效果的事情,并做出改变的计划,通过小幅度改变来实现优化。在充分理解组织方的需求后,我们双方对活动安排、流程及每个环节的关键点内容等都达成了共识。几轮沟通让我深刻体验到阿里人的价值观，以及阿里巴巴公司高层对员工们发自内心的真诚和关爱。

在工作坊开始前一天，我们去布置场地和做前期准备工作。8月28日，当我和团队、视觉引导师到达阿里巴巴华东区办公楼大门时，发现从进门一直到会议室的地上都贴上了"因爱而坚定"的脚印引导，前台的旁边设有镂空拍照墙，会议室里挂了很多参加这次三年醇工作坊的员工们的照片等。精心的设计和安排，也让我和团队十分感动。

开展工作坊那天，我先请大家坐好围成圈，引导大家绘制能量地图，具体步骤如下：

第一步：列出自己2014—2017年最重要的关键事件或常规工作，每人写下6~8项，并回忆能量高点和能量低点。

以小A同学为例，小A列出能量高的是刚入职信心高涨、工作上得到认可、信保业务业绩提升、领导的辅导反馈、业务结果端突破、团队良好的氛围、GMV稳定提升；能量低的是和自己想象的差距、业务和产品问题理解不充分、团队和区域调整。

第二步：区分每一个活动是能量增加或能量减少，并画出柱状图。

我引导每个人在能量地图上进行绘制，把第一步列出的所有事件按能量增加或减少在白纸上画出柱状图。小A的柱状图有点类似"云霄飞车",2014 年先平后低,2015—2017 年逐步拉升。

第三步:请大家思考自己的能量模式都有哪些,并引导大家一起探索。

接下来,我引导大家思考:有没有心流,在哪里?增加能量、减少能量的那些活动,有没有相似的地方与规律?哪些地方让自己意外?造成能量增减的原因是什么?

然后,我引导大家在会议室自由找能量地图曲线相近的伙伴组成小组进行分享。分享可以让他们从个体意识逐渐转变为群体意识。

第四步:请大家思考可以做哪些相对容易的改变来改善自己的能量。

我引导大家思考可以做哪些容易的改变来改善自己的能量。

对于小 A,业务和产品问题理解不充分需要借助领导的辅导和团队的支持,团队和区域调整需要各业务领导彼此协同改善人员的心态不稳定等。

阿里巴巴华东区 HR 和 OD 一起和大家参加工作坊,他们通过能量地图也发现了如何在相应的时间段更好地激发新人。

笑 笑

小微型企业创始人成长教练
重新设计你的工作授权讲师
DISC授权讲师项目A11期毕业生

重新设计你的工作
——能量地图案例实录

规划思维 vs 设计思维

我们曾经有各种各样的理想,比如想当律师、医生、老师等等,但是实现了理想之后,才发现每天的生活与想象中的情景不一样,它们单调、重复,犹如鸡肋。想放弃,有点可惜;不放弃,又不甘心。

为什么会出现这样的问题?其实是规划思维惹的祸。规划思维就是把生活当成一项工程，每个细节都提前规划，只要找到目标就按照计划去完成。可是随着个人的眼界、能力、资源的不断提升，人们想做的事情随之发生变化。那么，如何破解，让我们的人生更有意义？这就需要我们用设计思维去看待我们的人生，用动态的眼光去思考人生各阶段所遇到的问题，然后找到尽可能多的选择，最后尝试行动。

设计人生工具——能量地图

现在的工作可能让你厌烦，但不能简单地将解决方案定为"我的工作有问题，我离职算了"。其实，我们可以使用设计人生工具分解工作和生活中的每一件事，找到那些问题——能量地图便是这样的工具。它就是一张柱状图，我们将一周的活动、能量值填写在上面，x 轴是你做某件事情的时间，y 轴是你做这件事情时的能量指标，当你将活动的能量值画在 x 轴上方时，代表你的能量增加了，反之则代表你在做这件事时能量减少了。当然也有活动既能给你提供能量又能消耗你的能量。当你将一周的活动列在这张能量地图上时便可以清晰看到这些活动是如何影响你的能量的，"我好烦""我一点也不想这么干"等情绪的产生原因也就容易找到了。

能量地图咨询实录——女高管的困境

以一位女高管对现在的生活不满意为例,她时常觉得对生活不满意,但是又不知道哪里出了问题。在我的引导下,她决定重新评估自己的生活,制作一张属于她的能量地图。

首先,我让她列出了最近一周参与的所有活动清单。

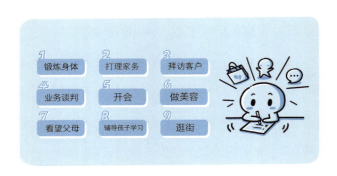

列完之后,我让她谈一谈感受。她告诉我,拜访客户、业务谈判、开会,是她每天必须做的工作,她只有做好这些事才能管理好她的团队;打理家务、辅导孩子学习、逛街、锻炼身体、做美容,这些是每天生活中需要做的事;看望父母则是每周末或者隔周末,她需要做的事情。目前她还不能判断出哪些活动是她的问题所在。

然后,我让她将这些活动记录在带能量指标的柱形图上,她客观真实地写下每个活动的能量,然后逐一描述这些活动。

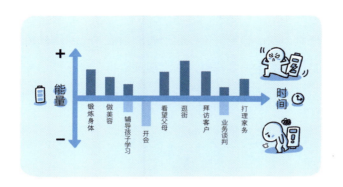

锻炼身体：可以克服懒散的状态，提高上进心，缓解工作压力，太棒了！

做美容：能够起到清洁皮肤的效果，促进血液循环，加快肌肤的新陈代谢，太好了！

辅导孩子学习：每次辅导孩子写作业都是在挑战自我，耐心被一点点消磨，怒火燃烧，太糟糕了！

开会：开会形成的决议常常出现无法落地的情况，太生气了！

看望父母：回家看看，父母乐翻天，与父母聊聊家常，忧愁烦恼散尽，真好！

逛街：逛街购物，享受美食，欣赏美景，太美好了！

拜访客户：工作时间有弹性可出外勤，开心！

业务谈判：有些客户冷淡，谈判气氛紧张，品牌知名度尚未打开，太糟心了！

打理家务：其实每次劳动时，我都觉得很开心，待在干净、整洁的家里,心情会很好,愉悦!

接下来,我让她观察这些活动的能量值,分析增加能量和减少能量的活动中有哪些规律,哪些活动给自己带来了心流,哪些地方让自己感到意外。

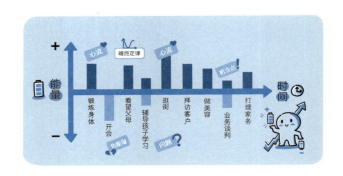

果然,她注意到逛街、锻炼身体是增加能量的事情,做的时候自己极易处于心流状态。她对这种状态的描述是:"我做这件事情时,真的很投入,时间似乎是静止了,我感觉从中获得了很多能量。""我时常发现当我抬起头来,哇,现在是凌晨 2 点,发生了什么?你知道吗?"她在描述时兴奋得手舞足蹈,我想我已经知道了逛街与锻炼身体时她有多开心了。她进入了心流状态,觉得做这些事情很有意义。

当她描述到"工作会议很烂,形成的决议经常无法尽快落地"以及"业务谈判本认为很快就可以拿下订单,但结果是僵持不下"时,她感觉很烦恼,甚至很痛苦。我让她关注自己这时发生了什么,自己的能量模式是什么。

很好,她已经完成了评估,现在需要使用这些数据进行反思。

我问她:"你可以做哪些相对容易的改变来改善你的能量状态?"鼓励她用努力实践的心态,然后看看在接下来的一个月,她在哪些方面得到改进。我引导她要尽量做好能量价值与自身需求的平衡,然后抛开过去定义的问题,重新设计问题。当她生成问题时,我不断引导她询问自己:如果做出这些改变,会得到什么?这样她就可以先投入那些会给她带来大的收益的部分。

例如:她注意到了开会给她带来巨大的能量消耗,所以她打算把开会移到锻炼身体与看望父母之间。不把减少能量的事情堆积在一起是避免自己一直消耗能量的好办法,而重新排序是修订能量地图的一种方法。

另外,辅导孩子学习尽量避免冲突,可以跟孩子重新探讨约定规则:什么时候写作业,什么时候玩;先做拿手的、容易的,后做复杂的。可以把孩子写作业的地址转移到书房,提供一张安静的书桌,孩子写作业,她自己在边上办公或者看书。在孩子心情好的时候与孩子多沟通,加强亲子关系,扭转孩子的学习态度,增加孩子的学习兴趣和信心。适当妥协也是修订能量地图的一种方法。

业务谈判是最头疼的,客户态度冷淡是销售在工作中必然会遇到的问题,她决定不再纠结此类问题,每次去之前,先做个美容,带着美丽的面容和美好的心情去见客户,在与其进行沟通时,保持笑容,保持对其重视的态度,认真讲解产品优势和合作优势,关心客户的关注点,有礼有节地交流,和客户讨论自己的营销布局。合二为一也是可以尝试的修订能量地图的好方法。

找到能量、投入度和意义

完成这个案例时,我看见她长舒一口气说:"原来我们不喜欢做某件事时,只要懂得如何调整,仍旧可以找到激发自己的事情。"是的,面对市场的不确定性和我们能力的多样性,我们如果像设计师一样设计自己的人生版本,就能梳理真实体验中我们投入的能量,找到那些真正困住我们的地方,小量微调、低成本试错,重新设计工作,获得更积极的状态。

妍 妍

成长规划赋能导师
重新设计你的工作授权讲师
DISC国际双证班F74期毕业生

能量地图助你从低谷中找到调整的方法

作为一名有 25 年职场经验的资深职场人，我多年来一直深入学习、实践、传播行之有效的职场能力提升、生涯规划。我很荣幸每年都有机会参与企业新晋员工的岗前培训，担任年轻员工的成长导师，陪伴见证了一批批新员工从职场"小白"成长为职场精英，工作模式从依赖式提升到独立式再进而成长为互赖式，一步步地找到自己的工作定位，找准工作目标，并拥抱工作。在员工成长到成熟的历程中，常常听到他们有以下抱怨：

现在的工作环境不是我想要的！

我感觉这份工作没有前途，不想干了！

又要开例会，一想到就累，耽误我太多时间！

这项工作太烦琐了，但我不得不接受，实在是太烦人了！

……

你有过类似的想法吗？

当各种抱怨情绪（负面情绪）抬头时，你会采取怎样的方式来处理呢？

是自怨自艾、隐忍、退却、放弃？还是积极面对、主动、分析、行动？

许多小伙伴表示：我也想成为后者，但做不到啊！我一想起工作中这些苦恼的人与事，就感觉无精打采，毫无动力，而且越想就陷得越深。

怎么办呢？别急，我们先按下暂停键。在问"怎么办？"之前，或许我们可以采用这个工具——能量地图，来客观剖析，进一步觉察内心感受并理清思路，从而找到调整的机会。

下面，我用一个真实的案例和大家一起分享在实际工作中如何运用能量地图来帮助自己改变当前的状态。

新员工小潘入职快一年，作为新人，之前一直在各个部门轮岗，目前面临定岗选择，据 HR 反映，小潘在轮岗期间的前半年表现很不错，但近期表现得不主动、不积极。为此 HR 希望成长导师可以介入，与该员工进一步沟通，看是否可以找到切入点，做到人岗适配。

导师：小潘来公司快一年了，近期工作感觉如何？

小潘：老师，说实在的，我感觉越来越没意思，没有价值感。

导师：可以具体说说看！

小潘：一开始工作感觉挺新鲜的，在不同部门轮岗，但慢慢感觉我都是在做打杂的事，都是重复的，也特别琐碎，加班太多。

导师：确实，听你这么说，现在工作也是挺忙的。记得你上次沟通时说过，当初校招时，你也是过五关斩六将才成功应聘的，公司也是你的第一志愿，是吧？

小潘：嗯，是的。我也想做好，但有点力不从心。

导师：我来协助你一起分析一下。我们一起从当下的工作现状来找找机会点在哪儿，你想不想尝试一下？

小潘：可以的，如果可以就最好不过了，但感觉不太可能。

接下来，小潘在导师带领下制作能量地图。

罗 列 事 件

把近一周的主要工作事件进行罗列。小潘回想了下，一共罗列了7个事件，具体如下。

周例会

营销物料准备

与供应商对接

约会

运动

现场促销

小结并宣传

区 分 能 量

周例会。小潘觉得能量时高时低,因为自己是新人,对业务不熟悉,存在听不懂的情况,这时感觉在浪费时间,但偶尔可以发表意见,又感觉自己被重视,感觉很好。

营销物料准备。作为一名营销支撑人员,营销物料的准备基本都落在小潘身上。这项工作很烦琐,而且策划总是临时增加需要,导致小潘很难开展工作,偶尔还必须充当搬运工。该项工作对他而言是减少能量的。

与供应商对接。因为领导信任,小潘入职半年后已经可以独当一面,负责与供应商对接。该项工作可以接触到不同的渠道合作商,通过对接,了解不同供应商的情况,在这个过程中加深了对行业的了解。因为可以扩大眼界,了解新知识,每次与供应商对接,都能增加能量。

约会。每周与女朋友约会总能让小潘充满期待，他俩虽然在一个城市，但因为工作原因，每周见面的机会不多，所以每次见面小潘都倍感珍惜。这项活动对小潘来说是增加能量的。

运动。小潘是篮球爱好者，每周可以与好哥们一起挥汗，把工作、生活的烦恼全都忘掉，这也是最好的增加能量的活动。

现场促销。每周末的现场促销活动，领导要求逢场必到，但面对大环境的变化，每次促销活动并不一定有好收获，有业绩时还稍微好过一点，如果忙活了半天，最终只是派了个宣传单，感觉有点吃力不讨好。而且周周的促销活动缺乏新意，每次参与小潘都想快点结束。该项活动减少能量。

小结并宣传。促销完，小潘都得写复盘文和宣传稿，曾经看到自己的名字出现在内部刊物特别得意，但现在又要修图又要写方案，基本由小潘一手包办，他常常要加班加点，这会减少能量。

觉察峰终值

导师引导：注意自己的能量模式都有哪些？

有没有心流，在哪里？

小潘：有。与女朋友约会，和朋友一起打球运动时是最爽的。

增加能量、减少能量的那些活动，有什么相似的地方与规律？

小潘：与供应商对接，能增加能量，感觉可以按自己的意愿行事，但偶尔对方不配合就有点不舒服；现场促销、小结并宣传，因为有业绩压力以及时间紧迫，所以不想做，尤其对最后的小结与宣传，能拖就拖。

哪些地方让自己觉得特别意外？

导师：我记得你学的市场营销专业，之前也听你介绍你很喜欢营销策划和宣传。看到相关事件的能量，你发现了什么？

小潘：和营销宣传有关的能量都不高。我过去挺喜欢活动后的宣传的，之前领导还表扬过我宣传稿写得好。

最 小 改 变

导师引导：你可以做哪些相对容易的改变来改善你的能量状态？

小潘：我想是活动小结并宣传吧，但我不确定该怎么做。

导师：你可以尝试以下几种方法去改善：

二合一

更换地点

重新排序活动

重新确定优先级

妥协和推迟

限定时间

例如,你宣传所需要的素材是否可以在现场促销时,有目的地进行采集并及时输出?这样在汇总时可以减少工作量。

小潘:明白了,那这样我可以在限定时间里直接输出宣传素材,后续输出宣传文案就变得更加简单,我就不用加班加点写宣传文案了。

导师:你也可以再试试其他调整方法。

小潘根据导师指引,把事件进行了排序,给原来容易拖延的小结并宣传工作留出充足的时间准备。

导师引导小潘想象改变后的能量体验,并重新画出新的能量地图,进一步制订接下来的行动计划。

这次咨询后,小潘根据调整后的能量地图开展工作。两周后,小潘感觉虽然事情还是这些,但稍微调整了排序,自己更注意营销活动的各环节衔接,也为小结并宣传工作留有足够时间,因此周末加班减少了,感觉自己又找回初入行时的状态。小潘经过与 HR 详谈,最终也如愿以偿继续从事营销支撑岗位,还作为小师傅开始带新一届的实习生。

在职业生涯中总会遭遇低谷,我们可以善用工具助力自己从低谷中找到调整的方法,保持对工作的活力与激情。

第四章
工作重构

更多设计人生视频资料，
设计工作课程资料，请扫码

辞职的成本和风险很高！

那如何不辞职，就可以做到在同一家公司始终激情满满，或者快速修复内驱力，让自己对工作更喜欢、更投入？

重新设计工作的 4 种策略可以！它们已经帮助了很多人诊断并修复他们觉得不合适的工作。他们可以在不辞职的情况下，把自己的工作变得更好（重新设计自己的工作），给自己一份更好的工作（创造一份更好的工作）。

所以，当出现辞职冲动时，不要马上付诸行动，而是按下暂停键，等几天、找朋友或老板谈谈，尝试重新设计工作的 4 种策略，在当前的组织内，给自己重新设计一份更好的工作。

重新设计工作有 3 个前提条件。

你没有不值得做的工作——工作环境对身心有害，不安全。

你在目前的岗位上已经取得了一些成就，并在工作中拥有了拥护者和支持者，是一位被认可的有价值的员工。

如果你存在没有尽最大努力完成当前的工作的情况，需要进行反省，直到存在的问题解决为止。

以下就是重新设计工作的 4 种策略的具体内容。

策略一：重新定义 & 重新投入

策 略 特 点

你的工作本身没有问题，但与工作相关的领导、团队等外在环境发生了变化，让你对工作的感受不好。

实 现 方 法

生成式接受新现实：就像没有完美的人生一样，也没有完美的工作，只有当下的自己最适合的工作。我可以通过调整自己来解决问题。

确定新的为什么：应用"爱乐工健"仪盘表，反思对自己而言，当下最重要的是什么？这是确定为什么工作的关键。

重新定义你与工作和公司的关系：在工作观与人生观一致的前提下重新定义当下你与工作和公司的关系。

重新投入并融入其中：修复内驱力，调整自己应对不好的外在因素的处置方式，让自己重新投入工作，达成与公司双赢的目的。

找到新的满意度的来源，"足够好"：调整后，在工作过程中，觉察并体验新的利益和满意度的来源。不要追求理想中的最好，而是要追求和接受当下的"足够好"。

策略二：重新塑造

策略特点

与工作相关的客观条件不变，但你自己主观对待工作的心态发生了变化。你的工作本身总体没有大问题，但是你对工作的个别内容感到不满。

实现方法

外观调整（增加现有工作中喜欢的部分）：在现有的工作基础上做加法，具体做法如下。

问自己：最喜欢的工作内容是什么？

问自己：如果可以的话，有什么正在做的事情是自己愿意再多做一些的？

做克里夫顿优势测评，确定自己的天赋优势是什么。

确认自己标志性优势与愿意再多做一些的工作内容的一致性。

以低调的方式制作原型。

用同理心与上司沟通，并使其支持你做更多的事情。

结构调整（减去现有工作中不喜欢的部分）：在现有的工作基础上做减法，而且这种减法会发生工作职能在不同的岗位或部门间的转移，具体做法如下。

问自己：最喜欢的工作内容是什么？不喜欢的是什么？

做克里夫顿优势测评，确定自己的天赋优势。

分析天赋优势与自己喜欢和不喜欢的工作内容之间的关联性。

进行原型制作（包括完整的实施方案，以及职能调整后的流程）。

用同理心与相关上司沟通，使其支持你调整工作。

策略三：重新定位，策略四：重新创造

策略三与策略四特点

相同点

都是已经对现有工作感到厌烦，或者自己已经确定了另外一份想挑战的工作。简单来说，这和找一份新工作差不多，但是都是在现在的公司内部寻找新工作，做起来容易得多，试错风险也小得多。如果成功了，你最终会得到一份新工作，但你不必辞职。

不同点

重新定位：横向调动到触手可及的新岗位，充分发挥你现有的能力和经验，无须经历大量准备或者重新培训就可以从原来的工作岗位调整到新的工作岗位。

重新创造：在公司中开启自己新的职业生涯，之前的经验和技能等无法直接套用，需要准备好并经过相关培训。自己的职业生涯焕然一新，公司也得以拥有一个忠诚且有价值的团队成员。重新创造要困难得多，但这还是比去一个全新的公司或转行到全新的职业赛道容易得多。

实 现 方 法

保持好奇：公司有什么岗位适合我？这个新的岗位需要的条件有哪些？在新岗位，如何充分发挥我现有的经验和能力，不用从零开始？我希望去担任的那个新的岗位需要的条件有哪些？我适合吗？我需要做哪些准备？

与人交谈：找到了解自己心仪岗位的人，用同理心和好奇心了解与岗位相关的情况，不要让人感受到或听到你有调整岗位的意图。

不断尝试：多找几位行家了解心仪岗位的情况；有机会可以做些内部兼职工作，来体验并深度了解新岗位；如果是重新创造,还需要做好相关培训或提升专业的技能。

故事思维:撰写250字的简短故事,描述你对工作的重新设计,这个故事包含你现有资源,你对新岗位的喜欢度、自信度、匹配度。与朋友分享你的故事,并优化它。然后,再和新岗位所在的部门领导分享你对新岗位的认知故事,让其认可你的认知、能力,直至对你发出工作邀请。

林春敏

效能训练导师
重新设计你的工作授权讲师
DISC授权讲师项目A19期毕业生

不要辞职,重新设计

思维误区:我不适应我新任职的工作,我想我是不是该辞职啊!

重新定义:我可以在现有的岗位上重新设计,创造属于我的"最擅长"的工作。

2004年年初,因为家庭原因,我需要从迷人的鹭岛厦门调动工作并定居首都北京。为此,我的工作与生活都发生了巨大的改变。

最大的挑战是我的工作!原来我在某通信高校教大学英语,调到北京之后,我任职于某通信运营商,担任集团客户销售区域总监。毫无悬念，这个岗位让我无所适从……

幸亏，我 1999 年就认证学习了"高效能人士的七个习惯"，习惯一就是："积极处世"。积极处世即采取主动，为自己过去、现在和未来的行为负责，并依据原则和价值观，而非情绪或外在环境来决策。积极处世的人是改变的催生者，他们不怨天尤人，选择以由内而外的方式来达成改变的目的，做自己工作与生活的主人。

而积极主动的核心还在于能够在刺激与反应之间先停顿！也就是面对自己觉得不适合或不喜欢的工作想逃离时，可以先选择停顿，然后做出反应。

于是乎，我决定停下来，重新设计我的工作！

重新设计工作四部曲

重构 & 重新投入

我首先重新审视确认了到北京后不想再去高校工作的原因：

希望能借由工作调动改变一下一直以来的工作内容。

企业任职收入远远高于高校任教的收入。

我开始生成式接受：当下所担任的工作岗位与工作内容都与自己的主观期望是一致的，那么这份工作应该算是适合的工作。

接下来我便开始思考自己应该如何高效地去适应现有的工作模式，如何尽快熟悉并掌握那些过去未曾接触过的工作内容。令人开心的是，通过努力，自己很快就在工作中崭露了头角，不仅个人取得了良好的工作成绩，同时所带领的团队也获得了喜人的业绩，为此我获得了诸多奖项与荣誉称号。

重 新 塑 造

虽然已经能够得心应手地完成新岗位的各类工作，但我深知我应该为自己创造出更加擅长的工作岗位与工作内容。因为只有这样，我才能带着心流愉快地做好我的每一项工作，并取得更优异的工作成果。

于是，我主动与领导交流。我是讲师出身，我的个人及团队业绩都是公认的，所以我建议是否可以由我为大家做集团客户销售与服务的经验萃取与分享。如我预期，领导特别高兴，说怎么就没想到让我来做这件事。

随即，领导马上就根据大团队工作及业绩状况与我详细说明了她的期望。当天晚上下班回家，我就根据领导的期望，对我个人以及所带领的团队如何高效取得良好业绩的思路与方法进行了结构化的萃取，先制订了一个月的经验萃取分享方案。

毫无悬念，经验萃取分享效果良好。赶在领导主动找我进一步探讨经验萃取思路之前，我又为自己进一步设计了一个更适合自己岗位角色——兼职内训师。我确认自己能够做好内训师工作，因为我拥有实际的工作场景和真实案例。在与领导汇报下一阶段经验萃取与辅导工作的计划时，我把自己的想法向领导做了很有条理性与方向性的汇报。

一周后，我通过了相关部门人员对我的面试和试讲考核后，被公司正式聘为公司级兼职内训师，担任全公司大客户服务与顾问式营销课程内训师。随着公司人力资源部不断增加我在内部授课的次数，部门领导为了不影响部门的整体业绩，便顺理成章地减少了我一大半的大客户服务工作，我也就逐渐从心底里并不喜欢的大客户服务工作中脱离出来。

重 新 定 位

随着授课工作的不断深入，我越来越体会到服务质量保障的重要。于是，我向公司领导提出调往服务质量监督部工作的申请。我认为我具备以下优势：

在服务一线亲自与客服接触过，了解客户对于服务质量的各类要求。

萃取提炼过如何更好地服务客户的经验并在公司内部长期授课。

讲师出身的我，擅长诠释公司的服务要求，并能督促各部门切实执行它。

令人开心的是,当我与公司相关领导沟通并自荐后,我如愿以偿地被调往了公司的服务质量监督部,主要负责全公司各服务渠道的服务巡检与服务通报等。

重 新 创 造

在经历了几次规划并完美实现的工作设计之后,我决定升级我的工作设计版本,一路向前继续创造。

之所以还想着要继续创造,源于我始终能够做到积极主动,也就是说,我一直在积极主动地提前规划自己的生活、工作与学习。我始终相信并期望自己能越做越好,成为更好的自己。

所以,我始终在不断地学习、参加各种适合自己及企业甚至国家未来职业方向的认证培训,为自己能一次又一次地迭代工作做各种准备。

有多种培训资质,身上具备了多项软实力,我就有资格、有机会参与集团公司培训学院的各种学习与授课,并一路成长为集团级优秀讲师,常年被集团培训学院邀请赴全国各省分公司进行授课或担任内训师资格评审导师。我也因此得到了一个评价——"不是在天上飞,就是在地上吹"。

我在职业生涯退休时节到来的前五年,又为自己退休后的第二段职业生涯进行设计并做了各种准备。我给自己确立的退休后的职业方向是:就做自己喜欢并擅长且利人利己的事。

2019年5月,我正式退休,两家分别在北京和厦门的培训咨询公司随即邀聘我担任培训课程研发中心负责人。现在,除了更好地享受各种自由,享受惬意的生活,我还在继续不断地优化设计自己的工作。

这就是我40岁后为自己设计工作的故事!

陈小媚

学习设计专家
重新设计你的工作授权讲师
DISC国际双证班F42期毕业生

重 新 定 位

思维误区：没有更好的发展，我就要离开。
重新定义：内部探索，不需要从零开始。

外表光鲜，情绪却陷入低谷

这是一家国内小众的上市公司，它的业务覆盖国内和国外。我在2012年入职的时候，负责高校渠道拓展与维护、区域内项目管理与统筹。入职不到两年，我的业绩做到了部门前三，每年支付上千万元的渠道费用，经常陪同处级领导去视察工作。

在外人眼里,这份工作"有成就,受尊重,有面子"。

但就在第三年,我发现自己全年有 280 天,每天工作超过 12 个小时。

我陷入了深深的迷茫。

升职无望:领导只比我大一岁,我熬不过他。

收入有限:工资在部门是最高的,但由于渠道数量达到极限,奖金也到顶了。

生活失衡:每天的电话数超过 150 个,我妈经常唠叨"能不能先吃饭"?

健康预警:我的身体发出了预警。

我不开心,我要辞职,我要离开,我要去寻找新的价值,更高的收入,我要开心,我要身体健康,谁都不能阻拦我离开!

但当我看多了招聘信息后,我更迷茫了。因为行业特殊性,我已经在行业的头部企业中任职,难道要我去小公司吗?不可能!其他小公司的产品和服务毫无竞争力可言。但如果跨行业找工作,从零开始,我没有相关工作经验,对方凭什么要录用我呢?我开始陷入迷茫、焦虑。

故事发生转折

恰好跟上海同事聊天,他向我抛来了"橄榄枝",问我是否愿意去上海运营总部做全国项目经理。我当时的顾虑是我没做过，他跟我解释我的工作"能力可以迁移"，只要我愿意去上海，他非常愿意帮助我。说实话，我当时很心动，负责上亿元的项目，这个成就感是现在的工作不能给我的。但是想想我的资源、人脉、圈子都在广州，最后我还是放弃了。

神奇的是，公司华南区负责人也在这时候问我要不要转岗做销售。我是真没做过销售呀，而且新人第一年就要完成200万元业绩，我根本就心里打鼓。不过销售工作是真的自由、有弹性，这点打动了我。

我回想起上海那位同事说的"能力可以迁移"，销售跟我做渠道拓展与维护是相通的，大部分能力我可以迁移过去。另外，我比其他从外部应聘来的销售上手快，我熟悉公司文化和产品；我比内部销售有优势，我非常熟悉自己所在区域的渠道情况，我脑子里有一个指引地图，任何渠道我张口就来。我熟悉项目运营，我可以快速消除客户的疑虑，给客户极大的安全感。

评估完自己的意愿度和优势，我开始更深入了解销售的工作内容，除了写方案和写招标文件我没接触过，其他的工作内容甚至能做得更好。我有信心能做好销售。

但是，我又面临三个问题：内部升职空间有限；销售底薪不如渠道；第一年的200万元业绩从哪儿来？我陷入了纠结。

我主动找华南区负责人沟通，向他讲了我的三个顾虑，他的解释让我做销售的信心更加强了："每个公司都有销售，销售是这家公司的核心；销售看能力，奖金提成不封顶；第一年的200万元业绩，可以帮助我从已有资源入手挖需求，公司也会提供一些客户资源，帮助新人成长。"

成 功 转 岗

顺理成章，我转岗做销售了。

我清楚自己不是外向的拓展型销售，不能一下子跟客户打成一片，所以我选择做顾问式销售，我能给客户很专业的解决思路，能在项目实施过程中给予客户极大的安全感。

我以前没写过招标文件，方案也写得少，但是我找了我的领导和同事帮助我。再加上我自己清楚项目实施流程，新工作上手也就比较快。果然，因为能力迁移与自身优势，我第一年的业绩完成了300万元，第二年完成了500万元。

这是我自己亲身经历的故事，使用重新定位，没有选择"裸辞"，没有从零开始，而是做了更多思考，发挥自己的优势，找到了新的可能，而且还做得不错！

林 健

4D卓越团队高级导师
重新设计你的工作授权讲师
DISC国际双证班F20期毕业生

"85后"青工和HRD在央企生存和茁壮成长的故事

以下故事发生在一家世界500强央企省分公司。

让未来梦想的阳光照耀当下平凡工作的现实

思维误区：在国企，领导对我不满、收入不高的工作就不值得好好干。

重新定义：不要轻言放弃，我们可以应用"爱乐工健"仪表盘，结合自己的人生规划，帮自己找到工作的意义，修复自己的工作内驱力。

小张是一个性格直率、容易情绪化的"85后"女生。来自农村家庭的她每个月的工资不足以支付她的房贷，但是，这不影响她拥有年轻人都向往的生活：开着好车，戴着好表。她做二房东生意，还投资了一家名品店。性格直率、收入低、工作不够投入，再加上她的部门经理是一位对工作有高标准的专家，所以，小张经常与部门经理发生冲突。

为此，部门经理多次希望公司领导能够帮助小张改掉急性子和工作不够投入的毛病。

有一天，小张到一位公司领导的办公室里喝茶聊天。

领导：既然你这么嫌弃公司，那你为什么还来公司上班呢？

小张：我也不想啊，但我妈和在总部机关工作的舅舅不让我辞职，说在央企工作好找对象。

领导：哦，原来是这样子啊。这么说，你将来还是会辞职？那你辞职后打算做什么？

小张：是的。我打算自己开公司、做生意。

领导：很厉害啊！那你在最近的工作中，有没有特别得意的事呢？

小张：有啊。前阵子我搞定了部门其他人都搞不定的一个客户投诉事件。

领导：厉害啊！我很好奇你是怎么做到的，说说看。

小张：有个客户投诉了好几次，部门没有人搞得定。我打了几次电话，都被骂了回来。我就带着礼物，上门去找客户。最后，客户认可了我的方案，取消了投诉。

领导：真棒！那你为什么要做这件事呢？

小张：我就是要显摆给他们看，他们都不如我。

领导：除了显摆，这件事对你未来开公司、做生意有什么帮助吗？

小张：我真没考虑过这个，让我想想……我想客户是个老板，可能成为我未来做生意的一个资源吧。

领导：你看，你这次与这个客户的相处方式，与你平常的直性子、急性子做法是完全不一样的。你改变了为人处世的态度、方式，你成功了。你觉得将来你做生意需要这个能力吗？

小张：还真的需要。

领导：所以，你平常所做的每一件事的背后，都隐藏着能力。如果你现在不注意，由着自己性子来，你就没办法提前修炼你将来出去做生意所需要的能力。

小张：谢谢领导，我懂了。以前没有人跟我说这个。

过了几天，小张的部门经理找领导说小张最近进步很明显。这位领导就把部门经理肯定小张的消息通过微信转发给了小张。小张是这么回复领导的：

领导你别听他瞎扯。我好好干工作，是要利用国企的平台锻炼自己的本事。

从长计议,应用商业思维,实现个人和组织的双赢

思维误区:在国企,职能部门就是官僚,工作没劲。

重新定义:在国企,职能部门对商业价值的贡献远远没有发挥出来,个人不能只想自己当下的得失,要有商业思维,发展自己的业务伙伴(BP)技能。

2001年,我通过社会公开招聘担任世界500强央企省分公司人力资源部副总,负责分管绩效管理、培训与发展、劳动关系管理、组织发展、新员工招聘、HR创新等相关工作。进入央企之前,我在部队、政府事业单位、中外合资企业和民营企业长期从事的是技术业务及其管理工作。这些工作经历让我对工作有了一个根深蒂固的认知:必须真抓实干、必须出成效。我的性格是喜欢创新、直接沟通型(在DISC里属于D型)。而我们部门的领导和同事都很好,他们大多数追求安全、稳定(S型),做事按部就班、循规蹈矩(C型)。

工作的经历加上性格特点的不同,同时又因为工作价值观的差异,让我觉得自己的工作风格让同事们不舒服,进入公司工作了3年后,在完成了公司HR机制和体制全面公司化转型制度建设后,我觉得没事干,于是就给公司领导写了调离人力资源部,去一个当时比较清闲的部门工作的报告。领导找我谈话说:招你

进来是要从事改革工作的,你怎么能去那个部门呢?

怎么办?我习惯性地产生了辞职的念头,但又觉得有点对不起招我进公司的领导。

就在这个时候,我参加了公司市场口的全省季度会议。公司分管领导在会上提出了全省市场管理队伍的士气经营问题。我进公司之前,为省委组织部中外合作的 MBA 班做过外教课堂翻译,而且刚刚参加完集团在香港科技大学举办的 13 天人力资源管理与开发高级研修班,也对集团一个市级公司开展的与埃森哲合作的市场营销再造项目有深度的跟进,我对业界 HR 和市场营销最佳实践有系统的掌握。此外,我还做过与麦肯锡公司合作的 BPR 项目的省级分项目总协调人。我就想:与业务紧密结合的 HR 全案项目不正是我所缺的经历,也是公司所需的吗?而且与业务工作紧密挂钩,也是我的兴趣和优势所在。这么一想,我就打消了辞职的念头。我马上就找分管领导汇报我想解决他提出的全省市场管理队伍的士气经营问题。后来公司管理层通过了我提出的"全省市场管理线组织和人力资源再造的'将能兵举'工程",我牵头负责了对全省市场管理队伍进行的为期三年的再造工程(这不就是今天所谓的 HRBP 吗)。为保证我有足够的精力投入工程,我对常态化的培训与开发等分管工作做了授权和委派,减少了对这些工作的精力和时间投入。

不忘初心，发挥标志性优势，走一专多能的职业人生之路

思维误区：在央企，一个专业走不通了，要么消极工作，要么辞职。

重新定义：在央企，还有很多的路可以走，要敢于尝试，机会是属于有准备的人的。

"将能兵举"工程里程碑项目告成后，我又面临着工作没劲的挑战，辞职的念头又跳了出来。

真是天佑有准备之人。就在这个时候，总部 HR 部门分管领导打电话给我，问我是否愿意加入总部企业大学筹建办，负责教学组。当老师是我从小就有的两大梦想之一，大学毕业后，我就一直在兼课并带研究生。我作为 HRD，与伙伴们在培训和人才开发体系化创新上得到了集团的肯定，我自己还是集团第一批内训师，积极参与集团培训中心的相关项目。此外，我还经常参加集团 HR 的创新项目。这些都为我提供了学习和贡献的机会，也为我建立了口碑。创建企业大学无论是从专业、兴趣，还是从个性方面都很适合我，所以，我就接受了领导的邀请，暂时告别 HRD 工作，全身心北上内部创业去了。

在我牵头组织完成了企业大学战略规划和首期省公司老总培

训班方案后，我又面临着工作与家庭和文化适应性的矛盾。这时，省分公司领导希望我能回来担任大客户事业部的老总。

这是一个与 HR 完全不一样的工作。我该不该接？我首先了解省分公司领导对我的期待，同时，也找了政企部的朋友了解。然后我做了人岗匹配分析：这项工作需要创新，老板希望要打破现状，做强政企业务，我性格适合；我懂业务，我在部队和地方从事的通信和信息化业务与政企部业务紧密相关，尤其是信息化工作更是集团战略转型的重点；我是省会城市出生的人，而且又有在政府部门工作的经历，我有一定的客户资源优势；我有长期带技术业务团队的经验；我有流程再造、组织再造和 HR 经验，这是做强政企业务的核心基础能力；我有很强的学习能力。

认真思考后，我觉得自己可以胜任全新的政企工作，对主营业务有情怀的我决定跨界。我至今还庆幸自己当初的选择，虽然身体受了些损伤。在政企工作的近 3 年的时间，也是我职业生涯的第三个辉煌时段。

谢清华

国际生涯咨询师
重新设计你的工作授权讲师
DISC授权讲师项目A3期毕业生

工作不满意想离职的职场妈妈

思维误区：工作不满意就要离职。

重新定义：或许在不满意的工作中能找到达成自己当下阶段最重要目标的途径。

小 Q 是一个三线城市的女法官，31 岁，生了一个可爱的宝宝，现在两岁多。小 Q 在这个领域工作多年，能力出众，她觉得自己的工作是有意义的，也能带给她相对比较安稳的生活。

但是最近她遇到了一些困扰，新调来了一位领导，要求很高，尤其是对于一些文书类的工作要求特别严格，带给她很大的压力。小 Q 很有责任心，再加上行业的特殊性，使她既没办法拒绝，也没办法降低这一方面的要求。逐渐地，她很抗拒做这一类的事情，一遇到或一想到这类事情就觉得非常痛苦，所以经常下意识地逃避、拖延，导致加班频繁，还把不好的情绪带到了家里。

你有没有遇到这种情况，当你开始抗拒一份工作的时候，原来可以忍受的事情也被逐步放大到不能忍受的地步。

小 Q 现在看自己的工作，觉得这份工作压力巨大，经常加班，也没有办法发挥自己的创新能力，收入也偏低。她近期脑海里经常会闪现强烈的离职念头。

于是，能力出众的她很快接到了隔壁省会城市的一家公司的 offer，做法务，收入翻倍。

如果是你，你会如何选择？

也许，你会说，当然走啊。但是小 Q 却在可以离开的时候犹豫了，持续的摇摆让她内耗严重，于是来找我做咨询。

为什么看起来可以快速解决职场困境的选择会让小 Q 犹豫？这份犹豫帮她看清了当前这份工作背后的隐藏价值，那就是"可以让她很好地照顾家庭"。通过我的梳理，小 Q 明确了当下她个人最重要的阶段目标——照料好她的宝宝，直到他上小学，但在外市工作，她只能每个周末回家。于是她果断放弃了那个新的 offer。

当看清了这一点后，她对工作的描述变成了：

我觉得好像没有那么难以忍受了，因为我知道我当下的工作是为了更好地陪伴宝宝直到他上小学，而不是完全为了工作本身。而且我也不是一直需要忍受，因为有了明确的时间底线，我知道我宝宝上小学后，我就可以另外选择，而我也拥有选择的能力。

做出选择后，小 Q 不再摇摆不定、严重内耗，而是定了心要留下来，也表示会重新投入，做好自己的工作。

有时问一句"为什么"，可以帮助我们重新梳理工作带给我们的价值，让我们更好地悦纳自己当下的工作，尤其是在没有跳槽选项的时候。

所以，此刻或许你也可以停下来一会儿，重新审视你的工作和人生，思考对你来说当下最重要的目标或意义是什么。

思维误区：对于不满意的工作，如果我留下只能痛苦地忍受。

重新定义：我可以找到更好的办法，留下来，也能快乐地投入其中。

心态改变后虽然对于工作有了不一样的理解，也能接受并再次投入其中了，但是似乎小 Q 依然只能去忍受那些带给自己消极情绪的事，难道就没有好的解决办法吗？

斯坦福大学的人生设计课提供了一个策略，叫重新塑造。我们可以尝试在工作中增加喜欢的元素、减少不喜欢的元素，让自己能够更加投入和享受当前的工作。

小 Q 的工作环境和时间依然没有改变，但是她现在开始主动去增加自己喜欢的部分，比如发挥创意，她会尝试把她遇到的案件在许可范围内改编成有趣的故事；她会主动和同事去探讨如何将一些案件处理得更好，激发想法的同时支持他人；她也会在工作之余找闺蜜聊聊天、减减压。对于她抗拒的部分，我根据她的个人特点建议她尝试将文书类的任务分解成小任务，减少压力并合理利用时间。

实践一个月后，小 Q 向我反馈说，她现在不仅压力减少到了可控的程度，工作和生活的状态甚至比之前还要好，同事之间的沟通多了，新的领导很认可她的能力，陪伴孩子的时候更快乐和投入了。

那么，你在现有的工作岗位上，在不影响公司的业务和他人工作的情况下，可以增加哪些喜欢的元素，减少哪些自己不喜欢的元素，让自己更加投入和享受工作？下周你会做出哪些改变？

玛格丽

成长赋能教练
重新设计你的工作授权讲师
DISC授权讲师项目A15期毕业生

四种工作策略助你实现职业目标

思维误区：我的优势和特长在公司没有得到最大化的发挥，我现在做的事不是我最擅长的，我的个人目标和价值没有办法在公司获得实现。

重新定义：我可以利用我对公司及业务的了解，主动展现我的优势能力，同时了解公司内有什么机会帮助我实现自己的职业目标。

小张毕业后的前10年，先后在外资零售和保险行业从事培训工作，出色的逻辑思维和表达能力让他在培训领域获得了上级和同行的认可，他也对培训工作充满了兴趣，并将培训作为自己的职业发展方向。

2020年年初，在朋友的推荐下，小张加入了一家大型医院集团的人力资源部。由于部门人手紧张，小张一开始就身兼多职，既要承接集团HRBP（人力资源业务合作伙伴）的工作，同时还要负责集团下某个医院的劳动关系、培训、招聘等HR工作。而关于培训方面的内容，集团并没有将其当作核心业务来看待，没有建立起培训体系，且培训工作只停留在组织培训层面，未进行更深入的展开。

刚开始转入医疗行业的时候，小张遇到了所有行业新人都会碰到的难题，对业务了解甚少，因此工作开展得甚为缓慢，即便是自己的强项培训工作，自己也没有太多信心去参与。

通过两年多的招聘、面试和协助部门处理各种员工事务，小张逐渐加深了对医务工作、岗位职责、医护人才需求的认知，他的工作也慢慢走上轨道。但与此同时，关于职业发展的困惑也在他的内心开始滋长——自己真的喜欢当下的工作内容吗？什么时候能回到培训领域呢？似乎没有任何一个迹象表明近期会有培训相关的工作机会出现，自己是不是该考虑寻找新工作了？

但小张很快打消了离开医院的念头。这两年多以来，他已经感受到在医院工作给自己和家人所带来的好处，一方面是社会地位的满足感，另一方面则是不管从工作时间，还是从获得医疗服务的便利性来说，都能让他的家庭需求得到很好的支持。

那么该怎么办呢？小张决定先去跟上级沟通一下自己的想法。

在谈话前，小张认真地梳理了集团公司的商业战略和业务战略、各医院目前专业人才供应链的状况、公司培训体系的现状。经过梳理，他的职业目标也越发清晰。

经过精心准备，小张在谈话中充分展示自己在企业培训体系建设和管理方面的专业度，又结合自己对医院工作、人员发展现状和培养方式的思考，提出了对医院服务品质管理和人才培养工作的想法。

小张的上级一直也希望建立医院的培训体系，但是苦于之前部门一直忙于人事方面的工作，且缺少一个既了解医院业务，又懂公司文化，还擅长培训管理的人，因此一直没有办法推动此项工作。现在，自告奋勇的小张让他异常开心。在他的极力促成下，小张的工作重心从招聘和员工关系，转到了培训上。

由于之前做招聘时跟各科室有频繁而深度的接触，小张跟管理层、各科室负责人、专家建立起了良好的信任关系，小张对于行业和业务的认识还得到了他们的认可。他对于公司和医院的培训需求和痛点有了相对准确的判断，因此在接下来开展培训工作时，不管是采购培训课程，还是自行开发课程，小张总是容易得到各方的支持和配合。

第二年，小张更是结合集团公司的商业目标和人才战略目标，设计了一个年度人才培养项目，并配合这个项目建立了一套完整的培训体系。而当集团公司得知这个项目后，立刻将其在集团下属的医院里推广，同时让小张负责项目的整体实施。

短短一年左右的时间，小张实现了自己专业角色的转变，重新找回了自己热爱的工作内容，而这一切，他只是将视线从现在的点向外移了一下，然后视野就不一样了。

李颖敏

助力青年成长的咨询培训师
重新设计你的工作授权讲师
DISC国际双证班F69期毕业生

小李，如果我是你

思维误区：我的工作糟糕透了，我需要辞职，去另外一家公司工作，找一份更好的工作。

重新定义：没有不好的工作，我可以在现有岗位上重新设计，创造属于我的好工作。

在能源公司工作了17年的小李，去异地分公司轮岗一年后，他所负责的农村市场开发工作业绩有了提升和突破（一年业绩是过去三年业绩的4倍还多），但是因为人际关系的原因，小李被调往集团公司接手新的管理工作，职位晋升了，但工资没有任何变动，轮岗人员也不参与业绩提成分配。小李内心颇有情绪，职位晋升了，工资却是轮岗前的工资。工作环境变动，从离家较近的公司到另外一个城市的总部任职，也让他额外承受了更多压力。在新岗位上，他又被直接领导和相关分公司领导质疑。他倍感压力，也找不到工作的意义，坚持了几个月后，最终在 2020 年 6 月选择了辞职。

如果有机会可以在小李离职前帮他重新设计未来的工作和人生，也许企业管理者就不会错失这位培养了多年的老员工。

运用设计思维完全可以帮助小李重新设计自己的工作和人生。就当前工作岗位，如何让小李更喜欢它呢？

看似一份简单普通的工作，但是却掌握着整个集团公司最重要的资源——天然气，这也说明了公司及公司领导对小李的信任。这其实是一份很有意义的工作，在 2016—2019 年曾经出现过几年天然气荒，那个时候小李几乎每年的冬季都不能睡一个安稳觉，半夜气量不足，不管是哪个分公司或加气站打来电话，他都要从温暖的被窝里第一时间爬起来，争分夺秒地与上游协调争取气量。因行业的特殊性质，如果因计划超供协调气量未及时到位，工厂、医院和学校及其他用气单位，乃至几十万居民，都将受影响。所以，小李必须确保各分公司气量的正常供应。

因此，他还曾经受到过某县委书记的接见，县委书记握住小李的手说："小李，你可是全县老百姓的功臣啊！"

对小李来说，这其实就是工作的意义所在。仔细想一想，一个人的工作与几个城市、几十万居民的生活息息相关,那该是一种多么有意义的事情啊!

有时候,问一句"为什么"来重新定义我们的工作角色,重新调整我们的活动,会产生非常大的不同。

对小李来说,也确实如此,当他倍感压力,找不到工作的意义的时候,会有离职的想法,有一个很好的方法可以帮助他。那就是重新定义和重新找到工作的价值和意义。去接受新的现实,确定新的"为什么",把它作为工作的理由;重新定义与工作和公司的关系,重新投入工作并融入其中,在过程中寻找新的利益和满意度的来源。

这是重新设计工作的策略,在不换岗位的前提下,也可以让小李更加喜欢当前的工作。

小李参加过 DISC 的认证讲师培训,他对培训比较感兴趣,他在工作当中,也可以增加一些线上或者线下 DISC 分享的环节,这会让小李对工作产生更多的价值感。对于他来说,做自己喜欢的事情,即便是加班,他也是愿意的;能够得到别人的肯定和认可,也会让他找到更多的动力。

古典老师说过,我们要在热爱的领域里尽情地玩儿。对于小李来说,把主业工作做好,还能把培训分享作为一个副业,不是一个双赢的选择吗?

小李,如果我是你,也许我就会这样做,在不换岗的情况下,通过重新设计工作,重构工作目标,喜欢上当前的岗位和工作。通过重新设计工作,收获更加快乐、更有价值的工作,创造更好的工作表现,活出更好的人生状态!

为什么要写这篇文章?因为小李就是我。我希望每一个面对工作困境的人,能够从现有的工作中找到新的机会,制订策略,重新设计自己的工作和人生。

禤伟强

效能成长教练
重新设计你的工作授权讲师
DISC国际双证班F30期毕业生

来自音乐梦想的烦恼

思维误区：我有梦想，跟这不相关的工作一律不想做。

重新定义：梦想可转化成目标，目标可拆解为长期目标、中期目标和短期目标。为了中长期目标的实现，当下所做的一切努力都是值得的。

在过去几年职业生涯发展咨询中，我遇到过许多形形色色的案例。来访者有应届毕业生，也有拥有十几年工作经验的部门负责人；有些因为梦想与工作差距较大而产生迷茫，有些因为工作乏味导致职业懈怠。在那么多的案例中，我印象最深的是小孟，我们前后一共聊过3次，都是围绕着他的音乐梦想。

我跟小孟的相识源自一次大学校园招聘会。小孟是省属重点大学工程类专业本科应届毕业生，而我是这次招聘会的驻场职业咨询师，为参会的同学提供现场求职咨询辅导。小孟来到我的咨询台前并坐下，开始我们的首次交流。

在大学期间，他的学习成绩优秀，同时组建了乐队，是乐队的主唱，自己还会写歌，写的歌还很受欢迎，经常受邀参加学校的各种活动并上台献唱。大学四年，他过得很充实，而音乐的种子也深深地埋在了他的心里。现在到了找工作的时候，他的心里开始纠结，到底该找一份什么样的工作，他很热爱音乐，梦想是成为一名创作歌手，把他的音乐带到全世界。但为了生活，现在马上去做歌手又不现实。因为招聘会上前来咨询的人实在太多了，在现场我们只是做了个简短的交流，小孟希望能获得更多的帮助，我们约好了第二次见面咨询交流的时间。在第二次的交流中，我们聊得更多的是如何写简历，如何通过求职面试。

第二年9月，有一天小孟突然来找我说想跟我聊聊，再聊聊他的音乐。我带着好奇开始了与他的第三次互动交流。当时他已经顺利毕业，也找到了一份体面的工作，在一个研究所做研究员。在外人看来，他的毕业过渡做得非常成功，工作单位好，岗位与大学专业又匹配，但小孟说他工作的时候一点都不开心，在心里一直惦记着他的音乐，觉得现在的工作很乏味，想要辞职。

关于小孟的困惑，我通过聚焦愿景、重新定义工作、职业价值观分析、能力盘点和目标计划设计等，一步步地协助小孟重新设计他的工作，一步一步地靠近他的音乐世界。

梦想与现实工作的落差感，时常存在于刚毕业的职场人心里。残酷的现实严重地冲击着他们对于梦想、对于工作的"完美"想象，让他们变得毫无招架之力，于是想离职。

源于斯坦福大学的"设计人生"介绍了重新设计工作的4种策略，在忍无可忍想要辞职的时候，不妨按下暂停键，花几分钟时间看看这4种策略，可能有助于重构我们的工作。

面对不喜欢的工作如何处理？能不能重新定义工作？找到从事这份工作的目的、目标或者原因，然后在这个基础上重新开始。也许这份工作在某些方面对你来说不那么讨你喜欢，让你不那么投入，甚至很倦怠，但是，如果我们重构这个问题，找到目前从事它的目标和意义，或许会有新的思路产生。那么我们就能够给自己一个全新的理念，让自己重新全心地投入工作。

重新审视你的工作和人生，聚焦你的梦想，聚焦未来你希望成为的那个他。尝试用战略的思维去思考：当下所有的工作只为未来服务，当下的工作只是为了达成最后的目标所做的一些准备而已，至于喜欢与否真的那么重要吗？

正如小孟，他的梦想是成为一个创作歌手，但基于生存需要，现在从事歌手的收入暂时不能支付他的日常开销，而其家庭也不能为他提供生活保障，当下他必须先找到一份能支付得起生活开销的工作,这样才能更好延续音乐梦想。

小孟的选择是接纳当下的生活及工作状态,重新确定当下工作的意义,为音乐梦想提供后勤保障。有了梦想的支撑,工作就不仅仅只是一份工作,而是达成音乐梦想前的准备。

刘曦阳

企业管理咨询顾问
优势发展教练
重新设计你的工作授权讲师
DISC国际双证班F24期毕业生

工作不开心，是忍还是滚

重构目标与乐趣

思维误区：我对工作付出很多，不被理解、得不到重视，我要辞职。

重新定义：为工作付出不只是为了薪酬、被理解、得到重视，而是带着设计的思维重构目标，重新发现工作中的乐趣与人生意义。

Emma 是我 2022 年教练辅导的一位地产行业国企 HR 主管，

工作认真负责、做事靠谱、严谨细致、学习能力强，有很强的上进心。因疫情公司效益不好，领导对她说可能要降薪，等企业效益好了再涨薪，公司每位员工需要表态，接下来她又要对各部门员工进行面谈。S、C型的Emma面对这种两难的抉择，非常痛苦。

她找到我咨询时，坦言面对组织发生的变化，她无所适从。她不知如何抉择，也不知该如何面对朝夕相处的同事们，领导对她很好，她不能辜负领导。

我问Emma："得到降薪酬的通知时，你有何感受？降薪对你意味着什么？"

Emma先是叹了一口气说："虽然没有房贷，但有车贷，还得为考研准备费用，还在备孕；自从地产行业走下坡路以来，人手变少，工作变多，薪酬没涨，现在反而降了，就觉得内心不平衡，都不想干了；地产行业的未来还得靠政策来支撑……内心充满了各种情绪。"

我认真倾听且记录着，然后说："Emma，此时此刻我感受到你真的很不开心、很委屈，你为你的工作和组织做了这么多，太了不起了，现在还要降薪，我特别能理解你的不易与为难。刚才听你介绍，我发现你有很强的责任心、敬业，你是那么热爱你的工作和企业，但是你没很好地爱自己，照顾好自己……"

Emma听完我讲的内容，眼圈立马红了，泪水在眼眶中打转，然后豆大的泪水不停涌出眼眶:"曦阳老师,热爱有什么用,现在不也一样要降薪吗?这一年我真的太憋屈了,公司、家里都不理解我,部门同事之间工作互相推诿,我现在真的不想干了。"

Emma 的情况,在职场中很普遍。

我对 Emma 说:"我支持你离开,以你的能力与工作态度,到哪里都能找到好工作。"Emma 听完愣了,说:"曦阳老师,我家人、朋友都不同意,给我各种分析,帮我做各种决定,我也知道他们为我好,但现在真的没法好好工作。为何你支持我离职呢?说实话,现在市场行情确实不好……"

我说:"正好你也给自己梳理一下。

"你什么事情做得很好?别人给你的正反馈主要在哪些方面?

"你对什么充满热情?

"什么事情对你来说轻而易举,对别人来说却十分困难?

"回顾职业生涯,是什么让你获得现在的成绩?"

Emma 没有底气地说:"曦阳老师我现在没办法回答你,因为我也不知道我的优势是什么,我反而发现我什么也没有。上面的问题我得好好想想。"

我对 Emma 说:"每个人都有自己独一无二的优势,只是目前你还没有发现。"

Emma 接着说:"曦阳老师,我虽说是想离职,但我离目标差远了。"

我问:"你的目标职位是什么?"她希望成为薪酬绩效 COE,希望从专业能力入手晋升至管理层。我对 Emma 说:"这个目标不错,那现在的你与薪酬绩效 COE 的差距有哪些呢?目标设定在本企业内,还是在本企业外呢?"Emma 坚定地回答,希望在本企业内。因为她觉得从专业知识、技能,到未来管理经验的改变与提升在企业内会更快。我发现 Emma 情绪减弱后,经历了从最初的不接受到压迫性接受,再到压抑性接受,最后到生成式接受(完全接受)。当下还在想办法找寻目标、缩小差距,Emma 的觉察力与适应力很强。

我对 Emma 说:"很好呀,其实你心里一早就有答案了,特别棒。"Emma 激动地说,一开始她是真的没有想好,是在我层层引导后才有这些想法,其实现在降不降薪对她来说也无所谓了,未来的发展才是关注的重点,改变自己、提升专业水平及解决问题的能力才是关键,眼下这次降薪也是一个很好的体验与学习的机会。

Emma 最后说:"特别感恩曦阳老师,在这个时间点给了我如此深刻的觉察与反思。"我又问 Emma:"回到工作中去你首先要做的一件事是什么?"她说:"我要去找领导聊聊,不是去聊降薪的事情,而是我对未来职业发展的愿望与领导的支持。"听了 Emma 的话,我也被赋能了:为工作付出不只是为了薪酬、被理解、得到重视,而是带着设计的思维重构目标,重新发现工作中的乐趣与人生意义。

设计思维,重新创造工作

思维误区:我的发展没有空间了,还有能成事的潜质吗?

重新定义:我一直拥有可发展的空间,接受当下、做好当下、利用优势,个人发展的潜质就蕴藏其中。

Pebble 是我 2022 年年底教练辅导的一位互联网头部企业的 PM(项目经理)。因疫情,身边的同事换了一批又一批,她仍然坚守岗位,只因她擅长、喜欢,又热爱这份工作。

Pebble 找到我时,情绪很低落。她问了我一个问题:"曦阳老师,我还有能成事的潜质吗?"我问 Pebble:"发生了什么?让你问这个问题。"

她告诉我,因为疫情带来的影响,部门全年业绩下滑,公司对她所在的部门不是很满意,未来平台品牌在区域内的流量是否能够满足大区的需求当下无法预估,团队领导的离开也给这个团队的士气带来致命一击,团队内部毫无生气,同伴们都怨声载道,这种氛围、这样的企业,让她没有安全感。没有发展空间,对未来存在恐惧,所以她想要离开。

通过 Pebble 的盖洛普测评结果来看,她的前五大才干是和谐、伯乐、学习、体谅、交往。

和谐能力强的人渴求协调一致。他们避免冲突,寻求共识。

伯乐能力强的人善于赏识并发掘他人的潜能，他们能够察觉任何细微的进步，并乐在其中。

学习能力强的人有旺盛的求知欲，渴望不断提高自我。尤其令他们激动的是求知的过程而非结果。

体谅能力强的人能够设身处地地体会他人的情感。

交往能力强的人喜欢人际间的亲密关系。他们最满足的是与朋友一道为实现一个目标而同舟共济。

结合分析，在关系建立领域，Pebble更愿关注人、擅长支持人，具备建构牢固关系的能力，能将团队凝聚起来发挥更大的力量；在战略思维领域，她擅长想事，善于思考团队的方向，帮助团队制订策略和目标。Pebble除在关系建立、战略思维两大领域拥有优势外，还具备影响力与执行力。

目前组织环境与Pebble擅长向往的部分，无法很好地衔接，这些压力让她无法感受到安全、舒适……结合她的状态，我认为当下她处在职业迷茫期。

我说："你怎么看待你提出的问题'是否有能成事的潜质？'请你向我介绍你目前的优势！"

Pebble说："我负责这个岗位近8年，我也做过5年以上的销售工作，能很好地把握市场、客户的需求，擅长设计梳理工作流程，目前工作的流程我很熟悉，我喜欢和谐、舒适的环境，我喜欢与人深度地交流，我善于观察、思考、分析……我很喜欢心理学,同时也在学习心理学及与人相关的知识与内容……"

"Pebble,我很好奇,你有这么多优势,怎么会认为自己没有能成事的潜质呢?"我对 Pebble 说。Pebble 说:"曦阳老师,我现在的工作都是执行类的工作,我闭着眼都能做,流程对于我来说太熟了,我无法突破舒适区。"

我对 Pebble 说:"哇,你真的好棒!公司上下的流程都是你自己设计的?"Pebble 说:"不是公司流程,是我使用的流程。""Pebble,你的情况我前期了解得很详细,流程在我看来确实做得很完美,我好奇你怎么没给你区域的各公司推广这么好的流程体系呢?"Pebble 听后,停顿片刻说:"没有。"她听懂了我的意思,在笔记本上记录了什么。我接着问:"如果你不考虑面子,也不考虑金钱,你最想做什么?"Pebble 说:"曦阳老师,不瞒你说,我喜欢心理学,我希望可以像你一样做一名顾问,通过专业知识、技能帮助别人。"我赞许地说:"Pebble,这是非常好的想法,你主动在为自己设计人生和规划未来,特别棒。能否描述一下你真正成为顾问后,生活和工作是什么样子的呢?"我倾听着 Pebble 开心、愉悦、内心充盈地描绘着她的蓝图。之后,我问 Pebble:"五年后的你对现在的自己说一句话,会是什么?"她想了想说:"不要着急。"她的眼睛泛起了亮光,对我说:"是的,曦阳老师,我发现我现在很着急,特别想成点事,但是又无动力。"我积极地回应 Pebble:"如果不离开现在的企业、岗位,你能为自己做点什么?"Pebble 说:"我想把我的工作流程整合、优化,分享给我们大区各公司,让大家的工作更高效、便捷,从而让大家认识我、了解我;工作之余,我想去学习心理学,把积极正向的能量传递给他人;学习另外一个岗位的新知识,希望可以转到与人相关的专业岗位;拥有自己小团队……"

我作为 Pebble 的咨询顾问,心中暗喜,来访者现在都这么优秀,行动计划与策略都很清晰。

Pebble 又问我:"曦阳老师,其实我看中了我们公司的一个岗位,我想去竞争下,我该如何去竞争呢?"我开玩笑说:"你现在不考虑离职了吗?"(我与 Pebble 相视而笑)"其实我去同行业的企业聊过,但是各方面与我个人的匹配度不高,你今天就像给我照镜子一样,让我发现离职不一定是好事,未知的变数会更多。我想我先接受当下,做好当下,在现在公司内的岗位上提升、创造才是可控的。"我建议 Pebble 面对转岗位时要保持好奇心,只有保持好奇心才会与他人(专业人士、专家等)进行交流,掌握一手资料;找机会去尝试、实践。

两个月后的一天晚上,我接到 Pebble 的电话,她告诉我最近在工作中充满能量,她也找到了目标,积极做出了调整,并与周围新同事积极互动,建立了良好的关系,年底述职时她的 2023 年目标务实且积极,获得大区领导的认可与表扬;现在她有机会去竞聘新的岗位,请我给她辅导。后来,她给我积极分享她的学习成果，录制了多条正念心理学的视频，视频中，她的表现沉稳、积极，知识掌握牢固，描述清晰，同时场景化的内容让听众很容易被吸引。

2023年3月，Pebble又主动与我沟通她要竞聘区域管理层，请我为她辅导。

几个月后，Pebble给我反馈：她看到了自己突飞猛进的改变。从最初找到我时工作劲头并不高，到逐渐厘清自己的优势和定位，积极主动地寻找目标、机会和价值。咨询顾问就像她的一面镜子，帮她照见了自己，使她看到了她的需求、现状、方向和更多可能性。咨询顾问在提问的过程中对她的辅导和激发让她找到内心最深处的自己，发掘出了自己的潜能，触碰到了她最本质、最核心的部分。她对我表示感谢，还说会谨记我对她的嘱咐和关怀，最后还特别真诚地对我说了一句："有曦阳老师在身边，一切都好！"

张 兴

智选教育科技创始人
重新设计你的工作授权讲师
DISC国际双证班F75期毕业生

重新创造：我从工程师到新媒体博主的故事

思维误区：重新工作意味着从零开始。

重新定义：我可以分解和打包组合原有的经验与能力，形成新的能力，迁移到新工作中。

在某个时候，我们都会超越我们的工作，这很自然。如果你是一个聪明又有创造力的人，而且你拥有保持好奇和努力实践的设计师心态，那么你的技能和能力的提高速度（有时快一些，有时慢一些）可能会超越你从事的工作。你会觉得你的工作不再适合你了。为了继续发展你的事业，是时候找下一份工作了。

凡为过往，皆为序章。重新工作并不是意味着从零开始，而是可以把你原有经验与能力，重新分解和打包组合，形成新的能力，迁移到新的工作当中，这就是重新定位工作和重新创造工作的策略，以下是我的故事。

2005年，我从吉林大学通信工程专业毕业，进入世界500强之一的通信设备供应商爱立信公司工作，从助理工程师、工程师、高级工程师再到解决方案架构师和团队负责人，工作完全与专业对口，十几年来一直在这个轨道上。在我工作了10年左右的时候，我参与了帮大学生找工作的公益活动，从此担任了几个大学计算机学院和通信学院的大学生就业导师，了解到他们的卡点和想法，还有之前选择专业的一些误解与遗憾。我也发现不少孩子因为专业调剂，对所学专业不感兴趣，不够投入。我擅长系统搭建与数据分析，参与了一些高中生职业规划和职业生涯测评工具的设计，还参与了高考录取分数线的数据处理工作；兼职顾问积累的几百个案例，让我从高考分数线数据处理和高中生职业发展两个维度了解高中生的升学规划。

在疫情期间的一次身体检查后，发现一个微小结节，性质待排查，这引发了我深刻的思考：如果生命开始倒计时，我还愿意做我现在的这份工作吗？如果可以重新选择工作，我会更看重哪些方面呢？除了赚取收入，还有其他追求吗？我的答案是不止追求成就感，更要追求意义感，于是便果断地离职了。当然，当时的我并没有一一尝试重新设计工作的 4 个策略。

首先，我分析了一下在过往的工作中，我掌握了哪些能力，哪些可以迁移。分析的结果主要有信息收集能力、数据分析能力、系统搭建能力、表达能力、沟通能力、客户咨询能力、项目管理能力等。

然后，我请教了几位比较知名的高中生职业规划机构的规划师，和他们深入探讨，问他们眼里能够把这份工作做好的核心能力有哪些，要到什么程度。我惊喜地发现很多是自己先前已经具备的，特别是数据分析能力、系统搭建能力、表达能力等核心能力。

分析与评估之后，我决定先尝试做自媒体，因为程序代码和自媒体是不需要额外的资源就能使用的，创建软件或者网站会提升自己的生产效率，使用新媒体只需要有一部手机，就能让更多人看见和了解我自己，增强我的影响力。于是我建立了一个网站来分析预测数据的波动情况，也在抖音上开始发布视频，当然在发布自己的视频之前，我运用信息收集能力，去寻找对标账号，也用数据分析的能力对好作品的点赞率、评论率和转发率等指标进行分析。之前经常做技术培训的经验培养出的表达能力，让我能够还算顺利地输出自己的想法和观点，完成视频录制。这些都是原有能力的迁移，数据分析能力、系统搭建能力、表达能力帮助我一次次地尝试，粉丝从几千人到几万人再到二十几万人，让我在几百个案例中积累出的专业能力让更多人看到；而沟通能力、人际敏感度和客户咨询能力帮助我商业化我的咨询服务，真正地帮助家长；项目管理能力则让我一年后组建起了一个团队。

在反复尝试的过程中，我对一个有意思的公式——良好＋良好＞优秀深有体会。这是风靡全球的图书"呆伯特"系列漫画的作者斯科特·亚当斯（Scott Adams）所提出的观点。在作者自己的职业生涯里，每一项单一技能都不突出，并非达到出色的水平，他有几个达到良好程度的技能，比如他的绘画技能和写笑话的技能都不是最好的，但是都能达到良好程度，然后他把这两者结合在一起，成就了"呆伯特"系列漫画。

也就是说，几个能力模块可能都是中上等水平，有机地结合起来，就能胜过单一能力优秀。所以，虽然单项技能做到优秀和卓越很难，但是如果我们掌握一套技能，然后把它迁移并进行技能叠加，就像不同的乐高组件可以拼成不同的作品一样，就会打造出不一样的自己、更有竞争力的自己，达到很多新岗位的要求，去做很多新工作，甚至开启崭新的人生。

而在我这两年教练十几位职业转型的朋友的过程当中，发现运用重新定位或重新创造的设计工作策略，大家都能比较平稳地完成过渡，开启新篇章。相信你也一定对更有成就感、更有幸福感、更有意义感的工作永远保持开放态度，那现在就重新设计你的工作吧！无论是留在原地，还是选择离开，你都可以用重新设计工作的 4 种策略设计出你更喜欢的工作，下次见到你，我要听你讲出你的故事！

程映雪

女性成长实践指导专家
重新设计你的工作授权讲师
DISC国际双证班F33期毕业生

拥抱变化,迎接新的机会和转折点

思维误区:工作总是要面对各种变化和挑战,压力大,我希望可以稳定、有序、可控地工作。

重新定义:没有一份工作不需要变化,适应变化甚至使用变化,将给自己带来新的发展和助力。

2013年,我离开了达到3000多人规模的集团,告别培训负责人的岗位,来到了一家只有百人规模的广告展览公司做人力资源工作。当时我对广告展览充满了兴趣,认为在新公司、新岗位,我能将培训、绩效等工作做更深度的融合。

2013年年底,公司战略转型,将80%的员工工作转化为外包，剩余 20％员工开始着手新业务探索和尝试。对于以人力资源工作为根本点的我来说，人都没了，还怎么做"资源管理"？我马上陷入了巨大的纠结中，是否需要离开公司另谋出路成为摆在我面前的一个现实问题。

我的直觉告诉我，离开不是最好的办法。现在的行业才刚刚接触半年左右，积累不足，而且 2013 年 9 月我刚刚结婚，马上会面对已婚未育的求职困境，于是我开始思考并调整。

我是否可以接受新的现实？

我尝试换个视角去看当时公司的战略，那时公司刚刚建立 10 年，有了稳定的业务形式和管理团队，但也看得到发展的瓶颈，如果把所有的精力用于重复看似稳定的业务，实际上会有被创新颠覆的风险。公司选择把传统业务外包，就是想腾出精力聚焦创新，营造下一个辉煌的 10 年。于我而言，这样的公司是有进取心的公司，是值得跟随的。

确定新的"为什么"，作为我留下来工作的理由。

公司离我的住址非常近，通勤方便，公司氛围好，充满活力和创造力，这些都是我喜欢的。我可以参与很多项目，不会受人力资源本身的工作内容限制，有机会拓宽视野和认知。公司重视培训，报了中山大学的商业管理课程，我可以深度地学习，这对于刚刚结婚的我来说，也是一个好的发展平台。

重新定义我与工作和公司的关系。

公司外包只是将公司内部的人力资源转化成了外部的人力资源，人力资源的本质没有发生改变，我仍然可以运用专业管理做好培训设计、制订考核及绩效管理方案等。公司还送我学习中山大学的商业管理课程，为我提供项目参与机会。通勤只要半小时，增加了工作幸福度和生活便利度。

重新投入工作并融入其中。

思考之后，我重新投入工作，投入到外包新模式的培训设计、制订考核及绩效管理方案等工作中，并且得出了一套外包团队培训管理办法和考核思路。我参与了很多项目，其间我创建了"猎鹰计划"，从近百名大学生中层层选拔出十几名优秀人才进入总部项目组，协助项目。这批学生有很多改变了他们的专业轨迹，进入了广告、媒体、游戏等行业。

在此过程中寻找新的利益和满意度的来源，做到在当下"足够好"。

通过调整自己的工作定位，重新定义，重新投入，我收获了一套外包业务的人力资源管理办法，并且创建了支持此方法的"猎鹰计划"；对项目的深度参与积累了项目运作经验，加深了我对项目收入及成本的认知，为日后运营大项目打下了基础。这段经历为我日后转岗、转型打下了坚实的基础。

通过重新定义及重新投入，我找到了新的意义和价值，同时发掘了自己善于沟通、设计开发项目的优势。"猎鹰计划"不仅为公司增加了活力，还为这些大学生提前确定工作的定位和方向提供了助力。

除了人力资源工作之外，我陆陆续续尝试了很多创新项目，如以餐饮为主题的社交活动——今日主题系列、关注大学生成长的 App 项目——十步芳草。2016 年年底，一个新的挑战摆在我面前，公司要成立新的展览事业部，专门从事展览业务，希望我来负责，而对于展览业务，我还是个门外汉，心里没底，压力很大！

我需要重新定位和重新创造，首先摆在我面前的是两个问题，我是否彻底转岗？这是我要的吗？当时有两个选择摆在我面前，一个是另一家上市公司以原始股招募我做招聘和培训的负责人，一个是原公司前途未卜的新业务。家人和朋友都劝我，后一个选择更稳妥，公司处于上升期，平台也大。我问自己：假设我尝试新业务失败了，我是否有信心继续从事人力资源的工作？我内心非常自信地回答："有信心！"然后我又问了自己一个问题：如果放弃这次做事业部的机会，还有多少次这样的机会？我回答："很难说。"于是我做出了选择，决定接受新业务，开始一段有挑战但难得的旅途。

接手新业务，我开始研究市场上的展览案例和其他公司的业态，利用人力资源工作的优势，很快找到几个全国、全省比较知名的展览业务公司，研究了这些公司的组织架构、经典案例，对这些公司的公司内部组织和服务有了一个相对系统的认知和清晰的定位，也为以后与这些公司竞争打好了前期基础。

我开始与行业相关人员交谈，首先与公司领导交谈，了解他们开设这个业务的目的和机会点。再与市场上从事这个行业的人进行交谈，了解行业惯常做法、难点、对人员的要求等。最后与用户代表进行交谈，了解用户的需求、期望。对业务目标、市场分析及用户需求有了系统的认知。

2016年年底开始，我们迎来了事业部第一个项目。从最开始的需求调研，到过程中的展项创建，再到结合运营展示和内容需求创建展陈模式，最后到考虑硬件设备和软件系统及内容的适配性，终于在接近半年的时间里完成了第一个项目，同时梳理出了项目管理流程和分工细则。到2017年，我们已经可以同时开展多个项目，并且能将展览项目拆解成几个板块进行细化打磨并创建案例。2018年，我们开始了全方位的展览业务，到2020年年底我们已经发展为年业务额7000万元，拥有十几个人的团队。

从2016年到2020年，用4年见证一个新事业部的发展，其间我还成了妈妈。2017年怀孕，2018年生产，这个阶段我的工作、事业飞速发展，人生也迎来了巨大变化。我成为公司的股东和展览事业部的合伙人，经历了临时现场办公会、到临产期前一天才入院生产、大客户的投诉等。这4年我的生活与工作充满了故事，令我回味无穷。

如果试错成本高，更换工作面对的挑战大，不如重新定义工作、拥抱变化，利用重新设计工作的4种策略迎接新的机会以及人生的转折点！

刘瑞群

新职场人资深成长导师
重新设计你的工作授权讲师
DISC国际双证班F88期毕业生

工作生活不平衡时,职场新妈妈如何选择

思维误区:工作生活不平衡时,二选一。

重新定义:重新审视工作和人生,思考最重要的目标是什么,重新投入工作和生活。

Kelly,30岁,是一个世界500强公司的培训主管,工作认真细致,在公司内部获得众多业务部门和领导同事的认可,是体系的专业标杆;生活上,她是一位新手妈妈,跟很多新妈妈一样,在结束产假后重返职场。

重返职场的她依然热爱工作,努力按高标准去做好每一件事情,在生活中也尽力创造美好时刻,常在朋友圈中分享她与家人共度美好时光的画面。在孩子两岁生日前,Kelly 迎来了人生又一个小高峰——晋升培训主任,获得更多的授权。

同事们夸她是人生赢家,工作生活两不误,工作出色,家庭美满。Kelly 笑笑,心里不禁回想起当初差点离职的经历,庆幸自己"走过来了"。

重返职场之初,她给自己设定的目标是半年内完成所有重点项目,并在年底的职称评定中获得晋级。然而她在设定目标的时候忽略了妈妈这一角色的精力分配,导致项目执行起来紧张,甚至有的环节延期,并行的几个项目出现了"危机"。于是,她把更多精力投入到工作中,对孩子的陪伴就更少了。

作为工作认真负责的职场人,她不能接受自己的工作受影响、完不成自己的工作目标;作为新手妈妈,她不想错过孩子的成长。纠结焦虑的她萌生了离职的想法。

她把离职的想法跟导师及家人进行沟通时,发现"坏工作"里面蕴藏着"好理由""好时机"。

导师跟她一起做了深度沟通,她欣赏 Kelly 积极向上的目标感,获得成就的进取心,也赞同她想要兼顾家庭的想法。既然是工作出色,获得认可,以 Kelly 的能力,她在这份工作上将取得足够多的成就,辞职只是避免紧张的方式,但可能会离目标更远。而且 Kelly 在现有的工作中获得了较多的认可,是有很好的往上拓展的机会的，如果选择离开，可能会与目标失之交臂。

既然这样，导师建议 Kelly 一起探索实现目标的路径，并结合公司的经营节奏适当调整并行项目的节奏，减少并行项目堆叠。公司的目标是把每一个既定的项目做好，个人与项目共成长。导师也会给她更多支持，帮助她度过这个相对紧张的阶段。

Kelly 的爱人也建议她好好考虑，这是一份比较体面的工作，与她个人兴趣爱好也比较符合，而且离家不远，通勤时间只需 10 分钟。如果放弃工作，回归家庭，做全职太太，他相信她可以很好地照顾孩子和家庭，但以他对 Kelly 的了解，她是很热爱现在的工作的，再回归不一定能找到与当前一样的可以快速融入又有较高成就感的平台。他认为 Kelly 目前只是遇到了一些小问题，他们夫妻二人也可以商量一起来解决。

最后，她选择了重新思考个人生活和工作的目标及其平衡点，在孩子两周岁的时候送给自己和孩子、家庭一份有意义的晋升礼物。

职场新妈妈面对工作生活不平衡时，不必二选一，只要重新定义工作和人生的目标，重构工作计划实现路径，就能找回工作和生活的平衡。